우리 아이 감정코칭
내 마음은 없나요

우리 아이 감정코칭
내 마음은 없나요

초판 1쇄 발행 | 2019년 5월 20일

지은이 | 김서영
펴낸이 | 김지연
펴낸곳 | 생각의빛

주소 | 경기도 파주시 한빛로 70 515-501

출판등록 | 2018년 8월 6일 제 406-2018-000094호

ISBN | 979-11-90082-02-0 (03290)

원고 투고 | sangkac@nate.com

ⓒ김서영, 2019

* 값 13,200원

* 생각의빛은 삶의 감동을 이끌어내는 진솔한 책을 발간하고 있습니다. 참신한 원고가 준비되셨다면 망설이지 마시고 연락주세요.

이 도서의 국립중앙도서관 출판예정도서목록(CIP)은 서지정보유통 지원시스템 홈페이지(http://seoji.nl.go.kr)와 국가자료종합목록시스템 (http://www.nl.go.kr/kolisnet)에서 이용하실 수 있습니다. (CIP제어번호 : CIP2019016906)

우리 아이 감정코칭
내 마음은 없나요

김서영 지음

생각의빛

들어가는 글

아무 준비도 없이 두 아이의 엄마가 되었다. 그래서 아이를 키우면서 항상 불안했었다. 그 불안한 마음은 아이들이 스스로 할 수 있는 모든 것을 대신해 주게 되었다. 이러한 나의 심리적 불안한 감정은 아이들에게도 큰 영향을 미쳤다.

어느 날 아들이 "엄마 마음만 있고 내 마음은 없다." 라며 울면서 말했다. 그 순간도 나는 아들의 감정을 무시했었다. 그렇게 세월이 지나면서 아이들한테 문제가 생기기 시작했다. 자기 주장이 강한 아들은 심하게 사춘기를 겪으면서 반항을 하기 시작했다.

아들이 그럴수록 나는 더 강하게 아들을 다그치고 비난을 했다. 날이 갈수록 아들은 더 거세게 '제발 좀 그냥 내버려둬.' 라며 자신의 감정을 거칠게 표현하였다. 아들이 강하게 나오면 나 역시 지지 않고 더 강하게 받아치면서 아들과의 감정의 골은 더 깊어져만 갔다.

엄마 말 잘 듣고 착한 아이로만 여겼던 딸은, 엄마 때문에 자기 스스로 아무 것도 할 수 없는 바보가 되었다며 나를 원망하였다. 나는 그동안 아이들을 위해 모든 것을 포기하고 살았다. 이 모든 것들이 아이들을 위한 것이라고 생각했었다. 아이들은 성장하면서 나를 향해 원망의 화살을 보냈다. 이런 아이들이 야속하기만 하였다. 그렇게 아이들과 나는 마주치기만 하면 갈등을 겪으면서 지냈다.

아이들과 갈등을 겪으면서 나는 다양한 부모 교육 프로그램을 찾아다녔다. 하지만 교육을 받고 나면 머리로는 이해가 되었지만 실천이 어려웠다. 그러던 중 대학원에 진학하여 심리상담에 대해 공부를 하였다. 막상 공부하면서도 아이들과의 대화는 여전히 풀리지 않는 문제로 남아 있었다. 딱 꼬집어 무엇 때문인지 속 시원한 답이 없어 여전히 답답했었다.

나는 심리상담에 대한 다양한 책을 읽고, 연수를 받으러 다녔다. 하지만 다른 사람을 상담하면서도 내 아이들과의 문제를 풀지 못하는 내가 한심했다. 그런 던 중 우연히 감정코칭을 접하게 되었다. 그리고 아이들과 나의 문제가 어디서부터 잘못되었는지 깨닫게 되었다.

그것은 그동안 내 가슴 속 깊이 감춰 두었던 '초 감정'이 문제라는 것을 알게 되었다. 나는 어린 시절 부모로부터 나의 감정을 수용 받지 못하고 자랐다. 그랬기에 아이들을 키우면서 아이들의 감정을 공감하고 수용하지 않았다. 항상 아이들의 감정을 무시하고 비난하며 무시했었다.

그동안 아이들은 이런 무식한 엄마 밑에서 자라면서 마음은 상처투성이가 되었다. 아이들은 어린 시절 자신의 감정을 알아달라고 울부짖었다. 나는 그때마다 내 엄마가 내게 그랬던 것처럼 아이들의 감정을 무시해 버렸다. 그렇게 자신의 감정을 억압받고 무시당하면서 자란 아이들이 사춘기에 접어들면서부터 나에게 반항하기 시작했다. 아이들이 그럴때 마다 나는 모든 문제의 원인을 아이들 때문이라고 생각하며 힘들어했었다.

그런데 그 문제의 원인이 아이들이 아닌 나라는 것을 알아차림으로 문제의 실마리가 조금씩 풀어지기 시작하였다. 그렇게 아이들과의 갈등은 나의 변화가 시작되면서부터 내가 두 발짝 다가가면 아이들은 한 발짝씩 조금씩 다가오며 닫혔던 마음의 문을 서서히 열어 주기 시작했다.

아이들이 어렸을 때 감정을 읽어주고 수용하는 것이 얼마나 중요한지를 이제야 깨닫게 되었다. 만약 그때 아들이 "엄마 마음만 있고 내 마음은 없다." 라며 울면서 말했을 때 아들의 마음을 공감하고 수용하였다면 아마 지금 이 글을 쓰는 일은 없지 않았을까? 라는 생각을 한다.

요즘 나는 아이들과 이야기를 나누는 것이 참 재미있다. 아이들의 인생을 같이 고민하면 지원해주며 지켜보는 것만으로도 행복하다. 언제부턴가 아이들은 자신의 힘든 감정을 혼자 고민하지 않고 내게 이야기하기 시작했다. 엄마인 나에게 자신의 힘든 감정을 이야기한다는 것이 나로서는 너무나 고마운 일이다. 우리는 서로 이야기를 나누면 고민을 해결하려고 한다. 이제는 어떠한 감정도 서로 공감하고 수용하면서 대화를 하다 보니 더 이상의 갈등을 겪지 않는다. 설사 갈등이 생기더라도 서로 갈등을 풀어가려고 노력하므로 더 깊은 갈등은 발생하지 않는다.

엄마는 모든 것을 잘할 수 없다. 엄마도 사람인지라 아이를 키우면서 실수도 한다. 그리고 매일매일 후회하면서 아이들에게 미안해한다. 엄마는 아이의 행복을 위해 감정에 대해 공부해야 한다. 감정에는 좋고 나쁨이 없다. 아이들이 표현하는 모든 감정은 다 받아 줘야 한다. 그러나 행동에는 옳고 그름이 있으므로 아이들이 하는 행동에는 꼭 한계를 지어 주어야 한다. 이것 역시 처음에는 잘 안 된다. 하지만 지속적인 연습을 하다 보면 우리 아이들이 변화되었듯이 어느 날인가 여러분들의 아이도 변하는 모습을 볼 수가 있을 것이다.

아이를 키우면서 30여 년간 먼저 경험한 것들이 조금이라도 도움이 되었으면 하는 바람뿐이다. 세상에는 문제 부모는 있어도 문제 아이는 없다. 부모가 변화된 모습을 보이면 아이 역시 변하게 된다는 것을 꼭 기억 해 주길 바란다.

제1장
내 마음은 없나요?

내 마음은 없나요?

마음이란 무엇일까?

사전적 의미로는 '사람이 본래부터 지닌 성격이나 품성' 이라고 한다.

또한 '마음'이란 '심장'을 뜻한다고도 한다. 왜 마음을 심장이라고 했을까? 그 이유는 심장은 그동안의 경험을 바탕으로 감정에 즉각 반응하기 때문이다. 살다보면 어떤 어려운 결정을 해야 할 때가 있다. 이런 상황이 되면 우리는 결정을 못 하고 종종 망설이게 되는 경우가 있다. 이때 흔히 '마음을 따르면 돼.' 라는 말을 많이 한다.

우리는 살면서 얼마나 많이 마음의 상처를 받고, 또는 주고 살았는가?

여느 때와 다름없이 아들은 내일 유치원에 가져갈 준비물을 챙기고 있었다.
"이거 안 가져갈 거예요"라면 가방에 챙겨 넣은 준비물을 빼버렸다.

"왜? 이거 내일 준비물 맞잖아?"

아들을 바라보며 물었다.

"아니에요."

아들은 고개를 저었다. 다시 알림장을 확인해 보니 '준비물'이라고 적혀 있었다.

"여기 적혀 있네. 맞잖아?" 라며 다시 가방에 넣어 주었다.

"선생님이 아니라고 했어요. 안 가져 가도 돼요." 라며 다시 빼버렸다.

"그냥 가져가 봐. 아니면 다시 가져오면 되잖아." 라고 말하면 다시 가방에 넣어 주었다.

"싫어요." 라며 가방에 넣어 둔 준비물을 또다시 빼버렸다.

"그냥 가져가면 되잖아. 너 왜 이래?" 라며 소리를 치고 말았다.

"엄마 마음만 있고 내 마음은 없어요?" 라며 아들이 갑자기 울먹이면서 말했다. 갑작스런 아들의 행동에 순간 당황했다. 다섯 살 아들이 이런 말을 하리라고는 전혀 예상하지 못했다. 그래서 아이의 반응에 어떻게 해야 할지 몰랐다. 그저 아들을 잠시 가만히 내려다 볼 수밖에 없었다.

잠시 후 정신을 차리고 "왜 그렇게 생각하니?" 라고 물었다.

"엄마는 뭐든지 마음대로 하잖아요?" 라며 아들은 눈물을 글썽이며 울먹이면서 말했다.

"그러니까 엄마 마음만 있고 내 마음은 없다." 라며 원망스러운 눈빛으로 나를 바라보면서 말했다.

"아직 넌 어려서 엄마가 도와 줘야해."

아들을 바라보며 변명했다.

"도와주지 않아도 혼자 잘할 수 있어요. "

아들은 더욱 더 크게 울면서 말했다.

아들이 떼를 쓴다는 생각에 순간 욱하고 화가 올라왔다. 나는 그 순간도 아들의 감정을 무시했다. 사실 도와준다기보다 아직 아들을 믿을 수 없었기 때문이었다. 선생님 말을 잘못 이해해서 준비물을 안 가져가서 수업 시간에 혼자 우두커니 앉아 있어야 한다는 생각에 계속 가져가라고 했던 것이다. 그런데 아들은 그동안 엄마가 뭐든지 마음대로 한다고 생각했다.

아들은 어려서부터 자기 주장이 강했다. 뭐든지 혼자 하려고 했다. 처음 걸음마를 시작할 때였다. 새 신발을 사서 신겨주었다. 그런데 잠시 후 신겨준 신발을 벗었다. 그리고는 혼자서 다시 신으려고 시도를 했다. 신발은 당연히 잘 신겨지지 않았다. 내가 다시 신발을 신겨 주려고 하자 아들을 싫다고 거부를 했다. 한참을 혼자 신발을 신기 위해 애를 썼다.

그리고 발에 반쯤 걸친 신발을 신고 뒤뚱뒤뚱 걸어 다니며 좋아했다. 나는 뒤뚱거리는 아들이 다칠까 불안하여 싫다고 하는 아들을 붙잡아 신발을 벗겼다. 아들은 이유식을 먹을 때도 처음에는 내가 주는 것을 잘 받아먹었다. 그러다 어느 날인가부터 숟가락을 붙잡고 놓지를 않았다. "안 돼. 엄마가 줄게." 라고 말하며 억지로 빼앗아 먹이려고 하자 고개를 저으면 싫다고 했다. 아들에게 숟가락을 주니 아직 어려 먹는 것 보다 흘리는 것이 더 많았다.

아들은 자라면서 무엇이든 스스로 하고 싶어 했다. 엄마로부터 독립을 선언했지만 번번이 제지당했다. 그런 아들은 자라면서 점점 자기주장이 더 강해졌다. 무엇이든지 '싫어.' 와 '내가 할 거야'. 라는 말을 자주 했다. 아들이 그런 반응을 보일 때마다 처음에는 지켜보았다. 하지만 아들을 보고 있으면 조바심이 나고 불안하여 '엄마가 도와줄게.' 를 반복했다. 아들은 자라면서 계속 스스로 할 거라며 자신의 감정을 표현했다. 나는 아들이 아직 어리기 때문에 당연히

다 해줘야 한다고 생각했다. 그게 사랑이라고 착각했었다.

아이가 '엄마 마음만 있고 내 마음은 없냐?'고 떼를 쓰면 울면서 감정을 표현하였다. 자기의 마음을 알아 달라고 간절한 몸짓으로 '엄마, 저 좀 봐주세요.'라고 했다. 그런데도 난 아이의 감정은 무시하고 '아직 넌 어려서 엄마가 도와 줘야 해.'라고 변명을 하며 아이의 감정 따윈 무시해 버렸다. 아들이 '엄마 마음만 있고 내 마음은 없다.'고 말했을 때, 엄마는 도와주려고 했는데 우리 아들이 '많이 속상했구나.'라고 아이의 감정을 그대로 수용하고 공감해 주었다면, 아들과 나는 지금보다 좀 더 좋은 관계가 되지 않았을까? 라는 생각을 해 본다.

부모는 이 시기의 아이가 혼자 할 수 있다는 것을 믿지 않는다. 부모의 눈에는 아직도 보살핌이 필요한 존재로 보이기 때문이다. 그래서 아이가 '내가 할 거야.'를 외치면 하지 못 하도록 말리게 된다. 아이는 어려서 스스로 원하는 것을 목표로 삼고, 성취했을 때 비로소 주도성이 생긴다. 그런데 부모가 모든 것을 대신해준다면 아이는 어떤 것을 배우고 연습할 기회를 잃어버리게 된다. 이런 상태로 아이가 계속 자라게 되면 스스로 할 능력이 떨어지며 자존감이 낮은 아이로 성장하게 된다.

아이는 부모가 도와주려고 하면 싫다고 혼자 해보겠다고 우기는 경우가 있다. 아이가 순한 경우에는 싫어도 싫다는 표현을 하지 않는다. 아이는 혼자 해보고 싶은 마음은 있지만, 스스로 포기할 수도 있다. 부모 입장에서는 아이가 잘 따라주니까 순하다고 생각한다. 이렇게 자란 아이는 독립심이 부족할 수 있다. 이 시기에 아이의 독립심을 키워주기 위해서는 아이 스스로 할 기회를 주는 것이 중요하다.

이와 반대로 성격이 강한 아이는 부모가 도와주려고 하면 할수록 더 강하게 싫다는 표현을 한다. 이런 아이는 자기주장이 강하기 때문에 자기식대로 독립심을 표현한다. 이때 부모는 무조건 아이들이 스스로 하려는 것을 막게 되면 반항심이 생기게 된다. 아이가 안전하고, 위험하지 않은 상황이라면 스스로 해보도록 하는 것이 좋다.

어린 시절 아이의 감정을 공감해 주는 것은 정말 중요하다. 특히 아이가 어릴 때 부모들은 아이를 키우는 과정이 힘들어 아이의 감정을 읽고 공감을 해준다는 것은 말처럼 쉽지 않기 때문에 실감하지 못하는 경우가 많다. 나 역시 아이들이 어릴 때는 잘 몰랐다. 부모는 아이가 뭐든지 혼자 하려고 떼를 쓰면 달래거나 설득을 한다. 때론 협박하면 아이는 말을 잘 듣는다. 그런데 사춘기가 되면서부터 아이는 부모가 감당이 안 될 정도로 변한다. 이럴 때 부모는 상당히 당황스럽다. 나 역시 그랬다. 고분고분하게 말 잘 듣던 아이가 갑자기 변했다고 느꼈다. 부모가 인지하지 못 했을 뿐이지 아이가 갑자기 변한 것은 아니다. 그동안 부모에게 강제로 억압받고 있던 감정들이 폭발했을 뿐이다.

부모는 아이와 좋은 관계를 계속 유지하길 원한다면 어릴 때부터 아이의 말을 경청하고 공감해줘야 한다. 감정은 어떤 감정이든 다 받아주고 잘못된 행동은 바로 잡아주는 것이 중요하다. 그리고 아이가 강하게 자기주장을 하는 시점에 감정코칭을 잘해야 한다. 왜냐하면 이 시기의 아이는 자기감정을 어떻게 인지하고 조절할 수 있는지 배울 수 있기 때문이다.

어느 날 두 아이의 엄마가 되다

1987년 5월 서울의 봄은 온통 뒤숭숭했다. 5.18 광주민주화운동, 6월 항쟁이 시작되었던 해다. 거리에는 무장한 군인들이 돌아다녔다. 여기저기 시위하는 대학생들이 삼삼오오 짝을 지어 숨어 다녔다. 서울 시내는 온통 최루탄 냄새가 진동했다. 매캐한 냄새 때문에 숨을 제대로 쉴 수가 없었다. 사람들 얼굴은 눈물 콧물이 범벅이 되어 손수건으로 입을 틀어막고 휘청거리며 어디론가 뛰어가고 있다.

마음의 준비도 없이 첫아이가 태어났다. 출산일이 아직 남았는데, 무엇이 그리 급한지 예정일 보다 석 달이나 빨리 세상 밖으로 나왔다. 새벽부터 진통이 오기 시작했다. 불안감이 엄습해 왔다. 사실 임신 초기부터 조산기가 있었다. 병원에서는 힘든 일 하지 말고 당분간 조심하라는 소리를 들었다.

오 개월이 지나면서 안정기에 접어 들어갔다. 괜찮다는 말을 듣고, 어제 아침에 햇살이 좋아 이불빨래를 했던 것이 문제가 된 것 같다. 큰 대야에 이불을 담아 발로 지근지근 밟았다. 한참을 밟았던 것 같다. 배가 사르르 댕기면서 아팠다 안 아팠다를 반복했다. 순간 덜컥 겁이 났다. 조금 앉아 쉬니 통증이 가라앉았다. 이왕 시작한 일이고 이불을 마냥 둘 수 없었다. 진통이 없을 때 재빨리 헹귀 널었다.

늦은 점심을 먹고 한숨 잤다. 좀 쉬어서 그런지 배 아픈 것도 괜찮아졌다. 저녁 준비를 하는데 잠깐 잠깐씩 통증이 찾아왔다. 하던 일을 멈추고 백과사전을 찾아봤다. 잠깐씩 통증은 있을 수 있다고 한다. 괜찮겠지 생각하며 안심했다.

오후에 남편한테서 전화가 왔다. 좀 늦으니 혼자 저녁을 먹으라 했다. 남편이 걱정할 것 같아 아무 말도 하지 않았다. 피곤해서 그런지 입맛이 없었다. TV를 보다 잠이 들었다. 진통을 느껴 잠에서 깼다. 시계를 보니 밤 열두 시가 넘었다. 남편은 아직 안 들어왔다.

이번에는 심상치 않다는 걸 직감적으로 느낄 수 있었다. 진통은 삼십 분에서, 이십 분, 십분 씩 시간이 단축되고 있었다. 시곗바늘이 벌써 새벽 네 시를 가르치고 있었다. 나는 무서웠다. 지금처럼 핸드폰이 있던 시절이 아니기에 남편한테 따로 연락할 길은 없었다. 그저 기다릴 수밖에 없었다. 그렇다고 멀리 있는 친정이나 시집에 이 새벽에 연락하긴 더더욱 싫었다.

진통이 조금 가라앉았을 때 샤워를 했다. 미리 준비해 둔 가방에 기저귀, 배냇저고리 등 아기용품을 챙겨 넣었다. 아침 여섯 시가 조금 넘어 남편이 왔다. 밤새 술을 마셨는지 아직 술이 덜 깬 상태다. 남편을 보니 안도의 눈물이 왈칵 쏟아졌다. 들어오는 남편을 바라보며 "나 배아파." 하며 울었다. 당황한 남편은 미안해하며 빨리 병원에 가자고 했다.

엄마가 된다는 것이 이렇게 힘든지 처음 알았다. 진통은 아침부터 밤까지 계속 진행되었다. 난생처음 느껴본 통증을 어떠한 말로 표현할 수가 없었다. 하늘이 노래져야 애가 나온다는 엄마의 말이 생각났다. 아픔을 참으면서 아무리 기다려도 하늘색은 변하지 않았다. 밤 열두 시가 넘어 분만실로 들어갔다. 의사는 계속 조금만 더 를 외치면서 힘을 주라고 했다. 죽을힘을 다해 힘을 줬다. 한참 그렇게 힘을 준 후 드디어 아이의 울음소리가 들려왔다.

그때 나는 처음 느꼈다. 엄마는 죽음과도 같은 고통을 경험한다는 것을, 하루를 꼬박 죽을힘을 다하여 '엄마'가 되었다. 딸은 1.7kg이란 아주 작고 가녀린 몸으로 태어났다. 태어나자마자 바로 인큐베이터로 옮겨졌다. 기쁨도 잠시 의사가 말했다. 아이가 너무 작아 일주일은 지켜봐야 한다고 했다. 그때부터 하루하루가 기적의 연속이었다. 딸은 씩씩하게 일주일을 잘 견뎌 주었다. 일주일 후 딸은 작지만 건강하다고 했다. 정말 고맙고 기쁜 나머지 나도 모르게 눈물이 왈칵 쏟아졌다.

딸은 두 달 반을 인큐베이터 안에 있었다. 너무나 다행스럽게도 잘 먹고 잘 자며 무럭무럭 잘 자라 주었다. 어떤 날에는 엄마가 온 것을 아는 것처럼 바라보며 눈을 맞추고 웃어주기도 했다. 그런 날은 마치 구름 위로 날아갈 듯이 행복했다. 인큐베이터 안에서 생활한 지 두 달이 조금 넘었다. 몸무게 2.8kg이 되자 드디어 딸을 집으로 데리고 올 수 있었다.

아들의 탄생

1988년 7월 TV에서 88올림픽 홍보를 매일같이 하고 있었다. 그해 여름은 유난히 더웠다. 몇 십 년만의 더위라고 여기저기서 난리였다. 임신한 나는 더위를 더 많이 탈 수밖에 없었다. 얼음을 항상 입에 물고 있었다. 입안이 얼얼했다. 덩달아 온몸이 시원해졌다. 칠월의 마지막 날 출산을 하기 위해 친정에 내려왔다. 아침부터 산통이 시작됐다.

이미 한번 경험해봐서 괜찮을 줄 알았다. 본격적으로 진통이 시작되자 첫 아이를 낳을 때 출산의 고통이 생각나 겁이 났다. 모든 준비를 하고 언니와 함께 병원으로 갔다. 병원의 권유로 유도분만을 시작했다. 간호사가 훨씬 고통이 덜하다고 숨쉬기 방법을 알려주었다. 알려 준 대로 해보았다. 고통은 마찬가지였다.

여기저기서 산모들의 고함과 신음이 들렸다. 옆에 있는 산모는 남편이 따라와 있었다. 진통이 시작되면 남편을 발로 차며 나가라고 소리 질렀다. 진통이 가라앉으면 다시 남편을 찾았다. 그 모습을 보면 언니와 난 서로 얼굴을 마주 보면 웃었다. 또다시 진통이 찾아왔다. 여러 번의 진통 끝에 병원 도착 네 시간 만에 건강한 아들이 태어났다. 너무 기뻤다. 시집에서는 삼대독자가 태어났다면 엄청 좋아했다. 나중에 들은 얘기지만 남편은 너무 좋아 흥분한 나머지 주먹으로 벽을 쳐서 손을 살짝 다쳤다고 했다.

그렇게 두 아이의 엄마가 되었다. 아들을 낳고 친정에서 몸조리를 하고 왔다. 친정엄마의 권유로 딸은 친정에 두고 왔다. 딸은 태어나서 한 번도 나와 떨어진 적이 없었다. 차마 발걸음이 안 떨어졌다. 걱정되어 집에 도착하자마자 전화를 했다. 친정엄마는 딸은 잘 논다고 걱정하지 말라고 했다. 다행히 잘 논다는 말을 들으니 한결 마음이 좀 놓였다.

밤이 늦었는데 아들이 안 자고 계속 보챈다. 아들을 안고 흔들면서 방안을 계속 돌아다녔다. 팔과 어깨가 저렸다. 딸도 태어나서 백일 때까지 힘들었다. 아들도 딸처럼 낮과 밤이 바뀐 것 같다. 아들은 새벽이 되어서야 잠이 들었다. 아들을 재워놓고 잠을 자려고 누웠다. 눈이 따갑고 머리가 멍하다. 너무 피곤해서 그런지 잠이 쉽게 들지 않았다. 지금 난 아무것도 필요 없다. 하루라도 '잠' 한번 실컷 자고 싶은 게 소원이었다. 옆으로 고개를 살짝 돌렸다. 곤히 잠들어 있는 아들 모습이 보였다. 잠든 모습이 마치 천사처럼 예쁘다. 피곤함도 잠시 너무나 사랑스러워 조그마한 볼에 새끼손가락을 살포시 얹어 보았다. 솜사탕을 만지는 것 같이 부드러웠다.

신기하게도 아들의 낮과 밤이 바뀌었던 것은 백일이 되어서야 끝이 났다. 아들의 수면 패턴이 바뀐 것도 신기했지만, 매일같이 나를 힘들게 했지만 힘들게 느껴지질 않았다. 왜냐하면 아이는 힘들게 한 만큼 또 다른 예쁜 짓을 해서 나를 행복하게 해주었다. 그렇게 매일매일 울고 웃으면서 나는 엄마로 성장하고 있었다.

친정에 있던 딸이 왔다. 멀리서 나를 보고 '엄마' 라고 불렀다. 반가워서 콧등이 시큰거리며 눈물이 났다. 한 달이나 떨어져 있었다. 날 잊어버리지 않아 고마웠다. 친정에서 돌아온 딸은 심리적으로 불안해하며 나한테서 떨어지질 않으려 한다. 아직 어린데 친정에 두고 온 것이 문제가 된 것 같았다. 딸은 엄마의 관심을 받으려고 이상한 행동을 했다. 배변훈련이 끝났음에도 자주 실수를 했다. 그럴 때마다 너무 힘이 들어 아이를 더 다그쳤다.

엄마의 사랑이 아직 필요한 시기인데 갑자기 동생이 태어나 딸은 아주 혼란스러워 했다. 동생이 싫은지 누워있는 아들의 팔을 잡아끌어 댕겼다. 너무 놀라고 당황스러웠다. 나도 모르게 너무 놀라 '안 돼.' 라고 큰소리를 치며 혼을 냈다. 혼이 난 딸은 울다 지쳐 잠이 들었다. 잠들어 있는 딸의 모습을 보았다. 너무 속상해서 딸을 안고 울었다. 한창 사랑받을 시기에 동생이 태어났다. 이 어린아이에게 동생에게 모든 것을 양보하라고 강요했다. 어린 딸이 힘들다고 계속 메시지를 보냈다. 아이의 감정을 무시하고 다그치기만 했던 것이 정말 미안했다. 그동안 힘든 내 감정만 생각한 나 자신이 너무 한심했다.

햇살이 따사로운 아침이 왔다. 딸이 일어나 환한 미소를 보였다.

울 딸이 "일어났어?" 라며 반갑게 안아 주었다. 날 바라보며 웃는 아이의 미소가 행복해 보였다.

대부분 엄마는 아이를 양육하면서 감정조절이 어려워 힘들어 한다. 아이가 어릴수록 엄마는 죄책감을 더 느낀다. 나 역시 아이들이 어릴 때 순간 욱 올라오는 감정조절을 하지 못하고 폭발하고 나서야 후회하고 힘들어했었다.

양육은 곧 실전이다. 누구에게도 육아는 쉽지 않다. 연습이 없기 때문에 너나 할 것 없이 실수투성이다. 첫째를 키워봤다고 둘째를 키우기가 쉬운 일은 아니다. 왜냐하면 아이들은 저마다 타고난 성격과 특성이 다르기 때문이다. 가정마다 첫째가 순하면 둘째는 꼭 까다롭다. 반대인 경우도 있다. 둘 다 순한 경우는 보기 드물다. 우리 집에는 첫째가 순하고 둘째가 까다롭다. 이렇게 나는 제각각 특성을 가진 두 아이의 엄마가 되어 육아를 시작하게 되었다.

독박육아

내 나이 스물다섯에 연년생인 두 아이의 엄마가 되었다. 남편은 아이 둘이 태어나자 직장 일로 일본지사로 발령이 나서 갔다. 부모 준비도 안 된 상태에서 도와주는 사람 없이 365일 24시간 아이들과 한 몸 생활을 하는 처절한 요즘 말로 '독박육아'를 시작했다.

예전에는 아이를 낳아 잘 먹이고 잘 입히고 학교에 보내는 것만으로도 어느 정도 부모 역할을 했다고 여겼다. 그때는 지금처럼 어린이집이 있어 맡길 수 있는 것도 아니었다. 미디어가 발달하여 손가락만 움직이면 수많은 육아 정보가 홍수처럼 쏟아지는 시대도 아니었다. 오로지 내가 자란 환경에서 배우고 느끼고 살아온 대로 양육하는 게 전부였다.

아들의 울음소리에 잠이 깼다. 불을 켜고 시계를 봤다. 새벽 다섯 시, 눈을 비비면서 주방으로 달려갔다. 소독해둔 우유병에 빠른 손놀림으로 분유를 타서 방으로 뛰어왔다. 우는 아들을 번쩍 들어 안았다.

"우리 아기 맘마 먹고 싶구나?" 라면 아들을 안았다.

"얼른 맘마 먹자." 아들을 달래면 젖병을 입에 물렸다. 배고픈데 빨리 안 줘 아들은 골이 났다. 젖병을 안 물고 고개를 젖히면서 울어 댔다. 아들을 안고 방을 뛰어다니면서 달랬다.

"에고, 맘마 빨리 안 줘 화가 많이 났구나? 미안해." 하면서 방을 뛰어다녔다.

분유병을 입에 또 물렸다. 아이는 더 자지러지며 계속 안 먹고 울었다. 한참을 방을 이리저리 뛰어다닌 후에야 아들은 화가 풀려 젖병을 입에 물었다. 배가 고팠든지 힘차게 빨기 시작했다. 아들은 새벽부터 한바탕 난리를 치고 나서야 잠이 들었다.

창밖은 이미 날이 밝아 오고 있었다. 잠든 아이들을 뒤로하고 주방으로 왔다. 아이 둘 다 분유를 먹인다. 싱크대 안에는 두 아이가 밤새워 먹은 젖병이 가득하다. 그 옆 바구니에는 밤새 갈아 채운 기저귀가 잔뜩 쌓여 있었다. 요즘과 달리 옛날에는 천 기저귀를 사용했다. 그래서 연년생인 아이 둘을 키우는 아침이면 기저귀가 산더미처럼 쌓여 있다.

아이들이 깨기 전에 빨리 일을 끝내야 하기에 마음이 바쁘다. 먼저 따뜻한 물에 기저귀를 주물러 빨았다. 흐르는 물에 몇 번을 반복했다. 삶기 위해 큰 통에 담아 가스레인지에 올렸다. 흐르는 물에 우유병을 깨끗이 닦아 소독했다. 아이들이 자는 방문을 조심히 열어보았다. 다행히 안 깨고 잘 자고 있었다. 햇볕이 따뜻한 아침이었다. 삶은 기저귀를 빨아 햇빛에 널었다. 기저귀를 널면서 문득 이런 생각이 들었다. 공원에 아이들을 데리고 가면 얼마나 좋아할까?

그동안 아이 둘을 혼자 데리고 나갈 엄두가 나지 않았다. 햇살이 이렇게 좋은 날 집에만 있긴 아쉽다는 생각이 들었다. 아이들이 깨기 전에 얼른 싱크대에 서서 밥을 대충 먹었다. 그때 방문이 열리는 소리가 났다. 딸이 배시시 웃으며 아장아장 걸어 나왔다.

"오구, 울 딸 일어났구나?"

아이는 살며시 다가와 안겼다. 아이를 안고 생각했다. 아! 힘들어도 이런 맛에 키우나 보다. 지금, 이 순간, 이 느낌이 너무 행복했다. 딸을 씻기고, 옷을 입히고, 머리도 예쁘게 빗겨서 나갈 준비를 했다. 한참이 지나서 아들도 일어났다. 눈이 마주치자 기분이 좋은지 방실방실 웃어 주었다. 웃는 모습이 너무나 사랑스러웠다.

"우리 아기 잘 잤어?"라며 누워 있는 아들과 눈을 맞췄다.

"엄마랑 누나랑 어이 놀러 가자."라며 아들을 안았다.

딸은 기분이 좋은지 동생한테 알아들을 수 없는 옹알이를 하며 입맞춤을 했다. 아이들을 데리고 집 앞 공원에 갔다. 오랜만에 나와서 그런지 아이들도 좋아했다. 화창한 날씨에 공원에는 사람들이 비교적 많았다. 코끝을 스치는 풀냄새가 싱그럽기까지 하다. 여기저기 아이들 웃음소리와 가족 단위로 온 사람들이 행복해 보였다. 딸은 공원에서 아빠와 놀고 있는 아이를 한참을 쳐다보았다. 그리고는 날 쳐다보면 "아빠, 아빠."라고 말했다. 딸은 말은 못 하지만 아빠가 보고 싶다는 표현을 자기식대로 하는 것 같았다.

나는 딸을 쳐다보며 "응, 아빠 올 거야."라며 딸의 반응에 눈빛을 보내 주었다. 딸은 마치 알아듣는 것처럼 고개를 끄덕였다. 아빠가 보고 싶은 딸 마음을 생각하니 콧등이 찡해왔다. 아들을 등에 업고 딸의 손을 잡고 공원을 걸어 다녔다. 한동안 여기저기를 걸어 다녔다. 새벽부터 일어나서 피곤이 몰려왔다.

집으로 돌아오는 길에 딸이 날 올려다보며 두 팔을 벌려 안아 달라고 했다. 눈을 보니 잠이 오는 것 같아 어쩔 수 없이 안아주었다. 아들은 이미 등 뒤에 업혀 잠들어 있었다. 아이 둘을 업고, 안고 오는데 허리도 아프고 어깨가 빠지는 것 같았다. 후회가 밀려왔다. '아휴, 내가 미쳤지. 다시는 공원에 안 갈 거야.' 라며 혼잣말로 중얼거리면 집으로 돌아왔다.

잠들어 있는 아이들을 눕혔다. 얼굴과 등이 땀으로 흠뻑 젖어있었다. 온몸이 쑤셔왔다. 아이들 옆에 쓰러지듯 누웠다. 눈꺼풀이 무거웠다. 나도 모르게 눈이 스르르 감겼다. 눈을 떠보니 창밖에 어둠이 내려앉아 있었다. 불빛이 창문 사이로 비집고 들어와 방안을 은은하게 비추고 있었다. 몸을 틀어 옆으로 돌아누웠다. 아이들도 피곤했는지 새근새근 깊이 잠들어 있었다.

가만히 누워 멍하니 천장을 바라보았다. 뱃속에서 꼬르륵 소리가 났다. 그러고 보니 아침에 싱크대에 서서 밥 한 숟가락 대충 먹고 온종일 아무것도 안 먹었다. 배는 고픈데 일어날 힘이 없다. '아! 엄마가 차려주는 밥을 먹고 싶다.' 정신을 차리고 일어났다. 아이들을 돌보려면 챙겨 먹고 힘을 내야 한다.

딸이 아프다. 머리에서 열이 펄펄 난다. 감기에 걸린 것 같다. 아이 옷을 벗겼다. 해열제를 먹이고 젖은 수건으로 몸을 닦아 주었다. 병원 문 여는 시간까지는 두 시간이 남았다. 물수건을 머리에 얹혀 주었다. 한 시간쯤 지나서야 열이 좀 내렸다. 열이 떨어지자 딸은 잠이 들었다. 잠들어 있는 딸을 내려다보면 수시로 체온 체크를 했다. 다행히 열은 더 오르지 않았다. 아파서 축 늘어져 잠들어 있는 딸의 모습을 보니 마음이 아팠다.

엄마는 아이가 아프면 왠지 작아진다. 아픈 아이를 보면 내가 잘못한 거 같아 괜히 미안해진다. 아이들은 아프면서 성장한다고 한다. 아이들은 한 번 앓고 나면 쑥 커진 것 같다. 딸도 아프고 나면 쑥 커지겠지, 라며 마음속으로 혼자 위로했다. 딸이 잠에서 깼다. 일어나지 않고 누워서 눈만 깜박거리고 있다. 머리에 손을 얹으면서 "이제 아야 안 해?" 라고 물었다. 딸은 대답대신 씽긋 웃었다. 다행히 열은 없었다. 지금은 해열제 때문에 열이 안 날수 있다. 아이를 키우다 보면 열은 새벽이 되면 꼭 다시 오른다는 것을 엄마들은 잘 알고 있다.

　딸을 업고 병원에 갔다. 병원에는 아픈 아이들이 많이 있었다. 접수를 하고 기다렸다. 여기저기 아이들 울음소리가 귀를 울렸다. 아이들은 가만히 있다가도 누가 옆에서 울기라도 하면 따라 운다. 왜 그럴까? 아마 그게 아이들의 본능인가. 한참을 기다렸다. 간호사가 딸의 이름을 불렀다. 진료실로 들어갔다.

　의사는 마치 마음씨 좋은 동네 아줌마같이 푸근해 보였다. 의사에게 딸의 상태를 말했다. 고개를 끄덕이면 딸을 진찰했다. 입안을 보려고 하자 딸은 고개를 가로저으면 싫다고 울음을 터뜨렸다. 간호사가 억지로 붙잡고 진료를 끝마쳤다. 의사는 편도가 많이 부어 열이 났다고 했다. 주사를 맞는데 또 한바탕 울었다. 소아과에 가면 사탕이 항상 있다. 아이들은 울다가도 사탕을 주면 신기하게도 뚝 그친다. 딸도 사탕을 받고서 울음을 그쳤다. 약을 받아 집으로 돌아왔다.

　아이들을 돌보느라 하루 종일 동동거리다 보니 어느새 밤이 되었다. 몸이 어슬어슬 춥다. 목이 아파 침 삼키는 게 불편하다. 어릴 때부터 피곤하며 편도가 자주 탈이 났다. 며칠 전부터 몸이 안 좋았다. 약상자를 열고 종합감기약을 찾아보았다. 약이 없다. 지난번에 다 먹고 사다 놓는다는 것을 깜박 잊고 있었다. 어쩔 수 없이 따뜻한 물 한 잔을 마시고 잤다.

　새벽에 머리가 너무 아파 잠에서 깼다. 머리가 깨어 질듯이 아프다. 추운 향기가 들어 이불을 뒤집어쓰고 덜덜 떨었다. 아픔이 살갗을 파고들었다. 너무 아파 눈물이 났다. 남편이 보고 싶었다. 일본에 간지 두 달이 지났다. 아직 오려면 열 달이나 남았다. 몸이 아프니 남편의 빈자리가 더 크게 느껴졌다.

　아들이 깨어났다. 얼른 우유를 타서 먹이고 기저귀를 갈아주었다. 엄마가 아픈 걸 아는지 아들은 다시 조용히 잠이 들었다. 날이 새자 친정 언니한테 전화를 했다. 몸이 아파 병원에 가야하니 잠깐만 아이들을 좀 봐달라고 부탁했다. 오전 9시쯤 언니가 조카를 데리고 왔다. 언니한테 아이들을 맡기고 병원에 갔는데 병원에는 환절기라 사람들이 많았다.

나는 아이들을 맡기고 와서 마음이 초조했다. 차례를 기다리고 있는데 속이 메슥거리고 토할 것 같았다. 마침 간호사가 체온을 재려 왔다. 열이 너무 높다고 말하며 바로 진료실로 들여보냈다. 의사는 진찰하면서 언제부터 열이 났는지 물었다. 새벽부터라고 말하며 힘이 없어 말끝을 흐렸다. 링거 한 병 맞고 가라고 했다. 언니 혼자 아이 셋을 보고 있다고 생각하니 차마 링거를 맞을 수가 없었다. 시간이 안 된다고 말했다. 그냥 주사만 맞고 약만 받아서 급하게 집으로 돌아왔다.

아이들은 별 탈 없이 이모랑 잘 놀고 있었다. 언니는 아이들을 봐준다며 약 먹고 한숨 푹 자라고 했다. 약을 먹고 누워 언니랑 이런 저런 이야기를 했다. 언제 잠이 들었는지도 모르게 잠이 들었다. 아들이 내 품에 파고드는 바람에 눈을 떴다. 언니는 걱정스러운 표정으로 좀 괜찮으냐고 물었다. 열도 내려가고, 추운 기도 사라졌다. 침을 삼켜보니 통증이 가라앉았다. 나는 괜찮다고 말했다.

언니는 "다행이네! 엄마가 아프니까 아이들이 왠지 불쌍해 보인다."라면서 날 보며 웃었다.

아들은 계속 "엄마." 하면 내 품을 파고들었다. 딸도 덩달아 와서 안겼다. 아이들을 꼭 끌어안고 안도의 한숨을 내쉬었다. 빨리 나아 다행이라 생각했다. 엄마는 마음대로 아플 수도 없다는 것을 다시 한 번 느끼게 되었다.

엄마도 엄마가 처음이라

결혼하고 아기가 태어나면 누구나 '엄마'라는 직업을 갖게 된다. 다른 직업은 중간에 바꿀 수도 있다. 하지만 '엄마'라는 직업은 바꿀 수도 없고 퇴직도 없다. 싫든 좋든 누구나 똑같이 한 번 발을 들여 놓으면 평생을 해야 한다. 아이가 성장하면 따라서 승진도 하게 된다. 아이를 씻기고, 먹이고, 입히고, 재우는 것도 처음이라 실수투성이다. 나는 초보 엄마라 매일매일 새로운 경험을 한다.

오전 10시, 아이들이 유치원에 갔다. 전쟁 같은 아침 시간이 끝났다. 아침이면 집안의 시곗바늘들이 유난히 빨리 돌아간다. 째각째각……. 시계 가는 소리가 내 귀에만 크게 들려 마음이 급해진다.

"자칫하면 늦겠구나."

눈을 뜨자마자 아이들을 깨우고, 먹이고, 씻기고, 옷을 입히고 머리를 빗겨주었다. 아이들은 꼭 이런 바쁜 시간이면 약속이라도 한 것 같이 말을 안 듣는다. 이럴 땐 시간은 왜 이리 빨리 흘러가는지, 밥도, 세수도, 옷도 뭐 하나 빨리 움직이질 않는다. 아침에는 유독 더 늦게 움직이는 것 같다. 그래, 아이니까 늦게 움직일 수도 있다 치자. 그런데 빨리 해주려고 도와주면 협조도 잘 안 한다. 아이에게 몇 번 주의를 주다 결국 욱 올라오는 감정을 못 참고 폭발하고 말았다.

"빨리 좀 먹어."

"물고만 있지 말고 좀 씹어."

"됐어! 그만 먹어. 어휴, 이러다 버스 또 놓치겠다."

가방을 챙기고 아이들의 손을 잡고 유치원 버스를 타기 위해 달려갔다. 다행히 버스는 떠나지 않고 기다리고 있었다. 아이들을 유치원 버스에 태워 보내고 돌아왔다. 집에 돌아와 한숨을 돌리고 커피 한잔을 들고 TV 앞에 앉았다.

'아, 아까 좀 참을걸.'

후회가 밀려왔다.

'내일부터 절대 화내지 말아야지'.

혼잣말로 중얼거렸다. 책상 위에 해맑게 웃고 있는 아이들 사진을 보니 미안한 마음이 밀려왔다.

오후가 되자 아이들이 돌아왔다. 오전에 미안한 마음이 있어 다른 날보다 더 반갑게 맞이하고 꼭 안아주었다. 아이들이 좋아하는 떡볶이를 만들어 주었다. 아이들은 떡볶이를 먹으면서 유치원에서 있었던 이야기를 신나게 했다. 그런데 딸이 떡볶이를 먹다 말고 말했다. '

"아, 오늘 학습지 선생님이 오는 날이야."

그런데 다 안 했다고 했다. 매일매일 해야 하는데 주말에 일이 있어 깜박 잇고 있었다.

"선생님 오시기 전에 빨리하자."

우리는 밀려 있던 문제를 풀기를 시작했다. 마음은 급한데 아이들은 빨리 안 하고 딴짓을 하고 있었다. 또 욱하고 감정이 올라왔다. 아침에 후회했던 생각이 나 올라오는 감정을 꾹 누르고 "빨리빨리 하자."라며 최대한 부드럽게 말했다.

저녁을 준비하는데 아들이 울었다. "왜 울어?"라고 물었다.

"누나가 책을 안 줘요."라고 말했다.

아이들이 '신데렐라' 책 한 권을 가지고 서로 먼저 보겠다고 한다. '신데렐라'는 딸이 좋아하는 책이다. 하루에 몇 번씩 읽곤 한다. 그런데 아들이 갑자기 그 책을 보겠다고 했다. 딸은 책을 꼭 안고 안 주겠다고 한다. 아이들 심리란 참 알 수가 없다. 책이 이렇게 많은데 꼭 그 책을 보겠다고 우는 아들을 보니 이해가 안 되었다. 딸은 워낙 순해 말을 잘 듣는 편이었다.

"동생이 먼저 보게 해줘."라며 말했다.

"싫어요." 아들이 계속 울고 있으니 당황스럽고 화가 났다.

"왜, 동생이 울잖아? 넌 누나니까 동생한테 양보해."라고 단호하게 말했다.

딸은 울먹이면서 "싫어요."라고 말했다.

그동안 순하게 말을 잘 듣던 아이가 갑자기 변하여 싫다고 하니 순간 화가 났다.

"이럴 거면 둘 다 보지 마."

딸아이가 안고 있던 책을 뺏어 버렸다. 엄마가 화가 난 걸 알고 아이들은 조용해졌다.

전쟁 같은 하루를 보내고 천사 같은 모습으로 아이들이 새근새근 잠들어 있다. 잠들어 있는 모습을 보면서 '아, 좀 더 참을걸.' 하면서 후회를 했다. 아직 어린데 동생한테 양보하라고 소리 지르고, 방 어지르기만 하고 빨리 정리 안 한다고 혼내고, 학습지를 안 했다고 소리 질렀던 것이 떠올랐다. 밤만 되면 자는 아이를 보면서 후회하고 또 후회한다. 세상의 모든 엄마들이 그러듯……

엄마는 왜 매일 후회를 할까?

태어나면 시기에 맞춰 유치원, 초등학교, 중학교, 고등학교, 대학교에 간다. 교육과정에 따라 우리는 배우고 학습한다. 하지만 세상 어디로 둘러봐도 '엄마 학교' 는 없다. 누구나 다 엄마가 처음이다. 엄마들도 엄마가 처음이라 미숙하다. 하지만 엄마는 아이를 잘 키우려고 애쓴다. 건강하게 키우려고, 좋은 것만 먹이려고 한다. 혹여 넘어져 다치기라도 하면 엄마는 죄책감이 든다. 나의 잘못으로 아이가 다친 것 같아 엄마는 매일매일 잘 키우려고 애쓰고 또 애쓴다.

엄마도 아이의 성장에 따라 어떻게 소통하고, 공감하고, 이해해야 하는지 아이를 잘 키우기 위한 '엄마 학교' 가 있다면 아마 이 땅의 엄마들이 매일매일 후회를 좀 덜 하지 않을까? 라는 생각을 해 본다. 엄마들은 아이를 키우면서 아이와 같이 성장을 한다. 결국 엄마가 자라야 아이도 클 수 있다.

부모로부터 자신의 감정을 자주 무시당하는 아이는 스트레스를 많이 받고 자존감이 낮아진다고 한다. 아이를 키우면서 매일 후회하지 않으려면 자신의 감정을 잘 들여다봐야 한다. 그리고 아이의 감정을 읽어주고 공감하며, 수용해야 한다. 아이를 키우면서 사랑해 주고, 공감해 주고, 인내하며, 기다려 주는 것이 중요하다. 나는 아이를 키우면서 중요한 두 가지를 꼽으라면, '기다림과 존중'이라고 생각한다. 아이를 지켜볼 때도 기다려주고, 가르칠 때도 기다려야 한다. 아이를 잘 기다려 주려면 아이가 나와 다르다는 것을 인정해야 한다. 이 것 또한 쉽지는 않다. 그러기 위해서는 엄마의 인내가 필요하다.

부모가 아이를 사랑하는 사랑의 크기는 그 무엇과도 견줄 수가 없다. 하지만 부모는 아이를 자기 소유물인 양 착각하고 마음대로 대한다. 자신이 누구보다 아이를 많이 보살펴 주고 사랑한다고 생각한다. 그래서 자신이 아이한테 하는 행동이 어떤 상처가 되는지 잘 모르는 경우가 많다.

부모에게 상처받은 아이들은 자라면서 때로는 부모를 용서하고 화해하고 괜찮아지는 경우도 있지만, 받은 상처가 너무 커서 힘들어하는 경우도 있다. 나 역시 아이들을 키우면서 알게 되었다. 어린 시절 성숙하지 못한 나의 감정이 아이들한테 큰 상처를 주었다는 것을 알았다.

아이들은 끊임없이 엄마를 시험한다.

나는 잠들기 전 아이들에게 항상 책을 읽어 준다. 아이들이 동화책 두 권씩을 가지고 왔다. '내가 먼저'라며 서로 자기가 가지고 온 책을 먼저 읽어 달라고 했다. 차례차례 읽어 주기로 약속하며 책을 읽기 시작했다. 한참 후 아이들이 가지고 온 책을 다 읽어 가는데 또 두 권씩을 더 가지고 왔다. 입에서 단내가 나고 입이 바짝바짝 말랐다. 아이들이 좋아해서 힘은 들었지만 계속 읽어 주었다. 두 권씩 읽어 주기로 한 것이 읽다보니 열권을 넘게 되었다. 책을 읽다 고개를 돌려 옆을 보니 또 책을 빼는 아이의 모습을 보았다. 목소리가 갈라지면서 갑자기 화가 났다.

"좀 그만해 벌써 몇 권 째니?"라며 소리를 쳤다. "두 권씩만 읽기로 했잖아."라며 버럭 화를 내고 말았다. 엄마의 반응에 아이들은 화들짝 놀라 이불속으로 들어가 버렸다. 아이들을 재워놓고 마음이 편하지 않았다.

아이한테 화내고 나서 마음이 편한 부모는 아마 없을 것이다. 엄마의 화가 아이에게 어떤 피해가 가는지는 몰라도 본능적으로 화를 내면 안 된다는 것을 안다. 그래서 엄마는 화를 내고 후회하고 또 후회한다. 아이를 키우면서 왜 엄마는 매일 후회를 하면서 힘들어하는 감정이 무엇인지 생각해 봤다. 그 감정은 '불안감'이라는 생각이 들었다. 그럼 불안감은 왜 생길까?. 그건 너무 아이를 잘 키우려 하는 마음이 앞서 불안감이 생긴 것 같았다.

엄마의 '불안감'이라는 부정적인 감정은 아이들의 정서에 영향을 미친다. 아이를 사랑하는데 있어, 잘못된 사랑의 방식은 도리어 아이가 마음의 문을 닫아 버리게 만든다. 아이들은 보통 부모와의 상호작용을 통해 자신이 누구인지 안다. 감정적인 상황에서 어떻게 대처를 하는지도 배운다. 만일 부모가 부정적인 감정을 적절히 조절하지 못하고 항상 '불안감'을 가지고 아이를 키우게 되면 아이는 그 모습을 보고 그대로 배운다. 부모는 아이가 자신을 사랑하고 존중하려면 자신의 감정을 잘 만날 수 있도록 도와줘야 한다.

나는 매일 아이와 전쟁한다

"엄마, 저거 사 주세요."

"집에 있잖아. 그냥 가자."

"싫어요. 집에 있는 거 아냐."

"나 저거 갖고 싶단 말이야."

아들은 떼를 쓰면 바닥에 주저앉아 소리를 지르면 발을 동동 구르며 울었다. 다음에 사자고 달래도 보고 협박도 했다. 보통 이 정도 하면 포기하고 일어났다. 그런데 이번에는 이 방법도 안 통했다. 지나가는 사람들이 힐끗힐끗 쳐다봤다. 아이 하나 통제하지 못 하는 무능력한 엄마로 보이는 듯해 수치심이 올라왔다. 민망하고, 부끄럽고, 창피했다.

심지어 어떤 할머니는 우는 아들을 보고는 "새댁, 아이가 저리 우는데 웬만하면 하나 사주지 그래?"라고 했다. 아들은 그 소리를 듣자 더 거세게 울었다. 속이 부글부글했다. 화가 머리끝까지 올라왔다. 아무것도 모르고 남의 일에 참견하는 할머니가 야속하기까지 했다.

우리 집 아래층은 문구점이다. 문구류와 장난감을 판다. 아들은 매일 한 번 내려가서 장난감을 살펴보고 온다. 그 많은 장난감 중에 아들이 유난히 좋아하는 것은 파워레인저 '장난감 칼'이다. 우리 집에는 여러 종류의 '장난감 칼'이 많다. 윙윙 소리가 나는 칼, 반짝반짝 불이 들어오는 칼 등등 내가 보기에는 색깔만 다르지 다 비슷비슷해 보인다.

하지만 나도 모르는 '장난감 칼' 이름을 아들은 술술 잘 꿰고 있다. 그 많은 '장난감 칼' 이름을 어떻게 다 아는지 궁금하다. 어쩌다 한 개라도 안보이면 난리가 난다. 아이들은 저마다 좋아하는 장난감이 있다. 딸아이는 콩순이 인형을 좋아한다. 포대기를 두르고 업는 걸 좋아한다. 업혀 주면 자장 자장하며 엄마 흉내를 내면 집안을 돌아다닌다.

아들이 왜 이렇게 '장난감 칼'을 좋아 하는지 알 수 가 없다. 한 번은 아이의 속마음이 궁금했다. "넌 장난감 칼이 왜 그렇게 좋니?"라며 물어봤다. 아들의 대답은 의외였다.

"지구를 지킬 거예요."

"지구는 장난감 칼이 있어야만 지킬 수 있니?" 라고 물었다. 아들은 답은 간단했다.

"네. 파워레인저 블랙처럼 지구를 위협하는 악당을 물리칠 거예요."

파워레인저는 5명의 영웅 다이노, 레드, 블루, 옐로, 블랙, 화이트란 캐릭터로 지구를 위협하는 외계의 악당들과 맞서 지구를 위기에서 구해내는 영웅담을 그린 만화영화다. 생각해보니 아들은 이 만화영화를 보고 있을 때가 제일 조용히 집중을 잘했던 것 같다. 그 얘기를 듣고서야 왜 그렇게 '장난감 칼'을 좋아하는지 이해가 되었다. 아들이 그동안 모으고 있는 '장난감 칼'들은 파워레인저 5인의 영웅들의 칼이었던 것이었다.

아들은 어쩌면 악당들과 맞서 자신을 지키고 싶었는지도 모른다는 생각이 들었다. 자신만의 상상의 나라에서 수없이 많은 악당들과 맞서 자신을 지키기 위해 싸웠을 것이다. 때로는 이기기도 하고, 때론 지기도 하면서 아들은 이렇게 생각했을지도 모른다. 영웅이 가지고 있는 '장난감 칼'이 있어야만 악당을 물리칠 수 있다고. 그래서 매일 영웅들의 '장난감 칼'을 찾으러 문구점에 갔는지도 모른다. 아이 둘을 키우면서 나름 아이들의 마음을 잘 읽고 있다고 생각했다. 그건 나 혼자만의 착각이란 걸 알게 되었다. 아들이 '장난감 칼'을 사달라고 떼를 쓰면 그냥 장난감이 갖고 싶어 떼를 쓴다고 생각했었다. 아이들은 매일매일 자기만의 상상의 나라에서 악당과 싸우기도 하고, 우주를 돌아다니며 탐험을 즐기기도 하고, 동화 속 나라로 놀러 가기도 하며 그렇게 꿈을 꾸고 있다.

가만히 생각해보니 어린 시절에 내가 만든 상상의 나라도 있었다. 세월이 참 많이 흘러 잊고 있었다. 그 시절에는 텔레비전이 있는 집보다 라디오가 있는 집들이 대부분이었다. 우리 집도 라디오가 있는 집에 속했다. 오래전 일이라 기억이 가물가물하다.

저녁 여섯 시쯤 되면 라디오에서 '마루치, 아루치' 라는 만화영화를 시작했다. 나는 성우의 숨소리 하나마저 안 놓치려고 숨을 죽이면서 긴장하면 들었다. 어떤 날은 마치 내가 라디오 속 주인공과 한 몸이 되어 라디오 속을 돌아다녔다. 아들은 내가 잊고 있던 지난 추억을 되찾아 주었다. 시대가 다를 뿐 아이들은 자기만의 상상의 나라에서 살고 있다는 것을 알게 되었다.

아이를 키우다 보면 왜 그럴까? 라는 생각을 참 많이 하게 된다. 떼를 쓰고 잘 달래지지 않는 아이를 보면 이런 고민에 자주 빠진다. 나 역시 그런 시절이 있었다. 그런데 이런 아이는 부모의 미성숙한 인격 구조, 성격적 특성의 안 좋은 부분, 즉 아주 깊숙이 묻어놓았던 나 자신의 문제를 아이가 건드리기 때문이다. 대부분 부모는 내가 괴로운 원인을 자신에게서 찾지 않고 문제를 아이한테 돌린다. '너 때문이라고.' 이렇게 되면 아이와 부모 모두 불행해진다.

딸은 행동이 느려 항상 나를 애태운다. 성격이 급한 난 딸을 보면 답답하다.

"너 지금 밥 먹고 있지!"

나는 욕실에서 머리를 감으면 거실 쪽을 바라보면 말했다.

"어, 먹고 있어."

입속에 밥을 물고 대답했다. 머리를 다 감고 나왔다. 세 숟가락이나 먹었을까? 밥은 그대로 있었다.

"늦는다고 빨리 먹으라고 했잖아?"

"먹지 마. 빨리 옷 입어."

밥을 치우고 입을 옷을 가져다줬다. 딸은 옷을 안 입고 TV를 계속 보고 있었다.

"빨리 입어." 라면서 TV를 꺼버렸다. 딸은 입을 삐죽거리면 옷을 입었다.

"엄마, 양말이 없어요?" 라며 딸이 불렀다.

"서랍장에서 꺼내와 신어." 라며 말했다.

"네." 라고 대답을 했다.

"엄마, 미키마우스 양말이 안 보여." 라며 말했다.

나는 머리를 말리면서 "아무거나 신어." 라고 말했다.

잠시 후 "다 입었니. 너 뭐하고 있는 거니?" 라면 딸을 쳐다보았다.

딸은 아직 옷도 안 입고 서랍장에서 미키마우스양말을 찾고 있었다.

"아무거나 신어라고 했잖아. 서랍에서 양말 하나를 찾아 얼른 신어."

"이거 싫어. 내가 고를 거야." 라며 딸은 다시 서랍장으로 갔다.

"어휴 지금 언제 또 골라? 학원 버스 올 시간 다 됐어!" 라면 딸을 쳐다보며 짜증을 냈다.

"이거 신어." 라면 양말 하나를 집어 딸한테 던졌다.

"이거 싫은데." 라면 딸은 울먹거렸다.

저녁에 학원 갔다 와서 미키마우스 양말을 찾아서 내일 신고 가라고 달랬다. 딸은 울먹거리면 고개를 끄덕였다. 실랑이하다 시계를 보니 버스를 놓칠 것 같아 학원에 전화를 걸었다. 10분만 기다려 달라고 말했다. 오늘은 기사 아저씨 집안에 일이 있어 기다려 줄 수가 없다고 한다. 통화를 마치고 딸아이를 쳐다보면 말했다.

"어휴, 버스 놓쳤어 어떡할래?"

"왜 그리 꾸물거려?"

오늘은 나도 바쁜데 아이까지 말을 안 들어 속상한 마음에 딸을 바라보면 쏘아붙였다. 할 수 없이 택시를 타고 딸을 학원에 데려다주고 왔다.

아이들은 왜 빨리 안 움직일까?

아이들이 서두르지 않는 이유는 단순하다. 아이들은 지금 이 상황이 중요하지 않다. 자기가 보고 있는 TV 프로그램이 재미있어 그것을 더 보고 싶어 한다. 그렇기 때문에 엄마가 빨리하라고 재촉해도 말을 안 듣는다. 아이들이 일부러 그런 행동을 하는 것은 아니다. 그냥 그게 더 재미있어서다. 아이는 미키마우스 양말이 신고 싶은 이유도 있을 것이다. 그 이유가 엄마 입장에서는 이해가 안 된다고 생각할진 몰라도 아이의 입장은 다를 수 있다. 빨리 안 한다고 아이를 다그치기만 한다면 그건 아이에 대한 배려가 없는 것이다.

많은 부모는 아이들이 이런 행동을 할 때 어떻게 가르쳐야 하는지 잘 모른다. 그저 빨리하라고 재촉하고 강요만 한다.

아이가 꾸물대서 늦어지면 부모의 마음은 더 급해진다. 성격이 급한 엄마일수록 더 참지 못하고 아이에게 소리를 지르며 화를 내며 폭발한다. 아이가 빨리빨리 안 해서 답답한 마음은 아이 때문이 아닌 엄마 마음이다. 그 마음의 주인 또한 엄마다. 아이도 감정을 가진 인격체다. 하고 싶은 것, 하기 싫은 것 그날의 기분에 따라 다를 수 있다. 어떻게 매번 엄마가 시키면 '네네.' 하고 싶겠는가.

우리의 어린 시절을 한번 생각해보자. 과연 나는 엄마 말을 잘 듣는 아이였는지? 엄마가 시키면 무조건 '네네' 하면 엄마 말을 잘 따랐는지. 그렇다고 자신 있게 대답할 사람이 과연 몇이나 될까? 우리도 그렇게 살지 않은 것을 아이들에게 강요하고 있다면, 내 감정을 들여다볼 필요가 있다.

선생님이 가래요

문이 열리고 아들이 들어 왔다.

"왜 벌써 왔니?"

"선생님이 가래요."

"왜?"

"몰라요!"

계절은 봄인데 꽃샘추위로 봄기운을 전혀 느낄 수 없었다. 품속에만 있던 두 아이가 세상 밖으로 나갔다. 아이들이 유치원에 입학했다. 난생처음 학부모가 되었다. 기쁘기도 하지만 한편으로는 걱정이 많이 되었다. 아이들이 처음 접하는 사회에서 잘 적응할 수 있을지에 대한 걱정이 많이 된다. 그래서 아이들이 적응할 때까지 매일 아침 유치원에 데려다주었다.

오늘도 여느 때와 같이 아이들을 데리고 갔다. 아이 둘을 차례로 교실에 들여보냈다. 그리고는 복도에서 딸의 교실 안을 살짝 들여다보았다. 딸은 얌전히 앉아 친구랑 얘기하고 있었다. 걱정과는 달리 친구와 친하게 잘 지내는 것 같아 안심이 되었다.

아들이 있는 옆 반을 창문으로 조심스럽게 들여다보았다. 아들은 친구랑 목에 보자기를 두르고 배트맨놀이를 하고 있었다. 그런데 책상 위를 이리저리 뛰어다녔다. 그 모습을 보고 순간 욱 올라왔다. '아, 저러다 다치겠다.' 교실 안으로 들어가려는데 다행히 선생님이 들어오고 아들은 책상 위에서 내려왔다.

집으로 돌아와 청소를 시작했다. 아들이 책상 위를 뛰어다니던 것이 계속 신경이 쓰였다. 그런데 지금 아들이 집에 왔다.

"왜 왔니?"라고 물었다. 선생님이 누나 반에 가라고 했다고 한다. 그래서 누나 반에 갔는데 누나 선생님이 또 가라고 해서 집에 왔다고 한다.

"선생님이 왜 가라고 했니?"라며 물었다.

"몰라요."라는 아들의 손을 잡고 유치원으로 갔다.

교실 안은 한창 수업이 진행되고 있었다. 노크하고 문을 열었다. 선생님과 아이들이 동시에 문 쪽으로 고개를 돌려 쳐다보았다. 선생님이 인사를 하며 다가왔다. 선생님은 아들이 집에 간 것을 전혀 모르고 있었다. 나는 선생님한테 어떻게 된 건지 물었다. 뛰어다녀서 누나 반에 가서 배우고 오라고 보냈다고 했다. 그런데 집에 간 줄은 몰랐다며 죄송하다고 했다. 나는 선생님의 대처방법이 조금 아쉬웠지만, 아들을 교실로 들여보내고 돌아왔다.

오후가 되자 유치원에서 아들이 돌아왔다. 아들의 손을 잡고 말했다.

"교실에서 뛰는 건 안 돼. 왜냐하면 위험하니까."

뛰어다니다 다칠 수 있으니 뛰면 안 된다고 한 번 더 강조했다. 그리고 선생님께 말 안 하고 마음대로 집에 오면 안 된다는 것도 말했다. 차가 많이 다녀서 혼자 오면 위험하다는 것도 알려 주었다. 아들은 고개를 끄덕이면 알았다고 했다. 아이를 키우다 보면 '된다.' '안 된다.'는 것을 분명히 해 줘야 한다. 이 시기의 아이들은 어떤 일은 해도 되는지, 해서는 안 되는지 아직 잘 모른다. 만약 아이가 자동차가 많이 다니는 곳에서 뛰어다닌다면 여기서 뛰면 '안 된다.'는 이유를 쉽게 설명해 주면 된다.

딸은 태어날 때부터 미숙아로 태어났다. 아주 작고 예민하여 밥을 잘 안 먹고 애를 태운다. 부모 마음은 아이가 주는 대로 잘 받아먹고, 살도 포동포동 찌고, 키도 쑥쑥 컸으면 정말 소원이 없겠다. 딸은 입맛이 정말 까다롭다. 많이 먹지도 않지만 그렇다고 다양하게 먹지도 않는다.

잘 먹는 또래 아이들을 볼 때마다 너무 속상하다. 속 모르는 사람들은 하기 쉬운 말로 아이가 왜 이리 작고 약하냐며 팍팍 좀 먹이라고 한다. 누군들 많이 안 먹이고 싶겠는가? 안 먹는 아이를 보면 엄마 속은 새까맣게 탄다.

어느 날 친정엄마가 잘 안 먹는 딸 때문에 속을 태우는 날 보더니 말린 개구리를 사서 한번 달여서 먹여 보라고 했다. 밥 잘 안 먹는 아이한테 곰국처럼 끓여 먹이면 효과가 있다고 한다. 지푸라기라도 잡는 심정으로 친정엄마가 알려준 건재상에 갔다.

가게 안을 들여다보며 작은 목소리로 "저기요. 말린 개구리 있어요?"라고 물었다. 안쪽에서 주인 할머니가 나왔다. "말린 개구리는 뭐 하려고?"라면 퉁명스럽게 말했다. 딸이 밥을 잘 안 먹어서 사러 왔다고 말했다. 퉁명스러운 할머니는 그 말을 듣자 "에그, 애가 어미 속을 태우는구먼."이라고 했다.

어느 정도 사야 할지 몰라 가만히 서 있었다. 할머니는 날 한번 힐끗 쳐다봤다.

"그래? 얼마나 필요해?"라고 물었다. 나는 잘 모르겠다며 할머니를 쳐다보며 웃었다. 퉁명스러운 할머니는 아무 말도 안 하고 말린 개구리가 담겨 있는 큰 바구니 앞으로 갔다. 재빨리 뚜껑을 열었다. 바구니 속 말린 개구리를 까만 비닐봉지에 담아주면 말했다. 가지고 가서 한 두어 시간 푹 고아서 국물을 먹이든지, 아니면 국물에 죽을 끓여 먹이라고 했다. 할머니는 퉁명스러운 처음 이미지와 다르게 친절하게 설명을 잘해 주었다.

집에 와서 할머니가 알려준 대로 말린 개구리를 솥에 넣고 두 시간 푹 끓였다. 그냥 먹이면 잘 안 먹을 것 같아 갖은 채소를 다져 넣고 채소죽을 만들었다. 죽이 다 되자 맛을 보았다. 생각보다 맛이 괜찮았다.

"맛있는 거 먹자." 라며 딸을 불렀다.

방에서 딸이 뛰어나왔다. 딸은 한 입 먹고 인상을 찌푸렸다.

"안 먹어." 라며 수저를 내려놓았다.

"왜 맛있잖아." 라며 한 숟가락을 먹으면서 말했다.

"엄마 먹어." 라면 딸은 고개를 홱 돌려버렸다.

조금이라도 더 먹이려고 열심히 만들었는데 한 숟가락 먹고 안 먹는다고 하니 속상했다.

"조금만 더 먹어보자. 응?" 하며 "아. 맛있다" 라며 먹는 시늉을 했다.

"싫어, 안 먹어." 하면서 딸은 입을 막았다.

"어휴. 속상해. 어떡하니?" 라며 나는 남겨놓은 국물을 그릇에 담았다.

"이건 진짜 맛있다." 라며 한 숟가락을 떠 아이 입 앞에 내밀었다.

딸이 조금 반응을 보였다. 이때다 싶어 입안에 수저를 밀어 넣었다.

"어때 맛있지?" 딸의 눈치를 살폈다.

하지만 딸은 고개를 저으면 "아니, 맛없어. 안 먹어." 라며 방으로 뛰어가버렸다.

방으로 들어가는 딸의 뒷모습을 바라보며 속상하고 맥이 풀렸다. 몇 시간을 공들여서 만들었는데, 안 먹어 주는 딸이 야속했다. 그렇게 안 먹고 내 속을 태우던 딸이 초등학교에 들어가면서부터 차츰차츰 먹기 시작하여 지금은 아주 건강하다.

내가 어린이집을 운영할 때의 일이었다. 밤 9시가 넘어 전화벨이 울렸다. 얼마 전 입소한 3세반 엄마였다. 늦은 시간 학부모 전화라 걱정스러운 마음으로 받았다.

"원장님."하고는 우는 소리가 났다. 순간 뭔 일이지? 불길한 생각이 들었다. 마음을 가다듬고 "네. 어머니, 무슨 일 있습니까?" 하고 물었다. 아이가 너무 밥을 안 먹어 속상하다고 했다. 집에서 우유만 먹고 다른 건 전혀 안 먹는다고 한다. 다양한 음식을 줘도 아이는 안 먹고 부모 속을 태운다며 울었다. 조금 전 아이 때문에 아이 아빠와 다투었는데 어떻게 해야 할지 잘 모르겠다고 한다.

그래서 어린이집에서는 밥을 잘 먹는지 물었다. 물론 어린이집에서는 밥을 참 잘 먹는 아이다. 특히 3세반 같은 경우는 제일 어린 반이라 선생님이 떠먹여 줘야 하는 아이들이 많다. 그래서 손길이 많이 필요한 반이라 식사 시간이 되면 그 반은 내가 직접 들어가서 챙긴다. 그렇기 때문에 그 아이가 밥을 잘 먹는지, 안 먹는지 너무나 잘 알고 있다. 오늘도 남김없이 다 먹었다. 그리고 그 아이는 식사 시간이나 간식 시간이 되면 제일 먼저 책상에 앉아 기다리고 있다.

"네, 어린이집에서는 잘 먹습니다." 라고 말했다.

아이 엄마는 말했다. "어린이집에서는 잘 먹는데 집에서는 왜 안 먹는지 모르겠네요. 내일 식사 시간 맞춰 가도 될까요?"

"언제든지 편하게 오셔도 됩니다."고 말하며 전화를 끊었다.

다음 날 식사 시간에 맞춰 아이 엄마가 왔다. 식사가 시작되자 아이는 밥과 반찬을 야무지게 먹었다.

"어머, 멸치도 잘 먹네!"라며 아이 엄마는 놀란 표정을 지으면 말했다. 아이는 멸치, 시금치, 생선, 김치, 된장국을 맛있게 하나도 남기지 않고 다 먹었다. 그리고 마지막으로 우유도 마셨다. 아이 엄마는 이렇게 잘 먹으면서 집에서는 왜 안 먹고 애간장을 녹이냐며 아이를 쳐다보며 말했다. 식사 시간이 끝나고 아이 엄마보고 식사하고 가라고 했다. 그리고 아이들이 먹은 식단을 그대로 주었다.

밥을 한 숟가락을 먹은 아이 엄마는 "어머, 원장님 아이들이 먹는 음식인데 간이 되어 있네요?"라고 말했다. 나는 웃으면서 "네." 전혀 간을 안 하면 아이들도 맛없다고 안 먹습니다. 저희는 천연 조미료를 제가 직접 만들어 사용합니다. 화학 조미료가 아닌 천연 조미료는 몸에 좋으니까 사용해도 괜찮아요. 말이 끝나자 아이 엄마가 말했다. "너무 어려서부터 간이 된 음식을 먹이면 안 좋다고 해서 아이 음식에는 간을 전혀 하지 않았어요. 아이가 집에서 밥을 안 먹는 이유를 이제 알겠어요." 라고 말하며 웃으며 돌아갔다.

부모는 아이를 잘 먹여 건강하게 키우는 것이 부모의 의무라고 생각한다. 누구도 부정할 수는 없을 것이다. 아이가 입맛이 까다로워 잘 먹지 않는다면 부모가 아주 힘들다. 이럴 경우 잘 안 먹는다고 혼내지 말고, 까다로운 아이의 입맛도 인정해야 한다. 억지로 먹이려고 하면 오히려 부작용이 올 수 있다. 어릴 때 엄마와 먹는 것 때문에 심하게 실랑이를 하게 되면 아이의 성격만 더 나빠진다. 이런 것에서부터 엄마는 자신을 내려놓는 연습이 필요하다. 아이가 안 먹으면 '그럴 수도 있구나' 하고 아이가 좋아하고 잘 먹는 것을 해주면 된다. 아이와 먹는 것으로 인해 실랑이 하는 것은 아이와 부모에게 좋지 않은 결과를 가져온다. 잘 안 먹는 아이도 초등학교에 고학년이 되면서부터 잘 먹기 때문에 걱정하지 않아도 된다.

죄책감에서 벗어나라

아이를 키우다 보면 엄마는 수없이 많은 죄책감에 사로잡힌다. 내 마음이 힘들어 아이한테 화낸 것도 미안하고, 아이가 힘들다고 보내는 메시지를 무시한 것도 미안하고, 아이한테 알게 모르게 수없이 상처를 준 것이 미안하다. 나도 아이 둘을 키우면서 아이들한테 상처를 준 적이 많다. 내가 하는 말과 행동이 아이에게 어떤 영향을 미치는지 생각 안 하고 아이들한테 내 생각을 강요하기도 했다.

아들은 학기 초만 되면 학급의 일을 맡아온다. 엄마 입장에서는 그리 달갑지만은 않다. 왜냐면 학급에는 반장과 부반장이 있는데, 왜 그러는지 아들의 행동이 이해가 안 됐다. 한 번은 수업을 마치고 교실에 있는 커튼을 가지고 왔다. 어린 아들이 들고 오기에는 꽤 무거웠다. 아들은 땀을 뻘뻘 흘리면서 커튼이 들어 있는 큰 가방을 질질 끌고 왔다.

"이거 뭐니?"라며 아들을 바라보면서 물었다.

아들은 해맑게 웃으면서 "교실 커튼."이라고 말했다.

"이건 왜 가져 왔니?"라며 방으로 들어가는 아들을 불러 세워 물었다. 아들은 선생님이 세탁해서 가져오라고 했다고 한다. 아들의 대답이 의심스러워 다시 물었다.

"선생님이 너보고 직접 말씀하셨니?"라며 아들을 쳐다보았다.

"아뇨. 내가 손들었어요."라고 했다.

"넌 반장도 아니면서 이걸 왜 가지고 왔어?"라면 짜증을 냈다.

아들은 이렇게 말했다. 선생님이 가져갈 사람 손들어 라고 했는데 아무도 손을 안 들었다고 한다. 아무도 손을 안 들어 마음이 여린 아들은 선생님이 속상할까봐 자신이 손들어 가져왔다고 했다. 짜증은 났지만 더 이상 아무 말도 하지 않았다. 이왕 가지고 온 것 깨끗이 세탁해서 보내자는 마음으로 가지고 온 커튼을 세탁하기 시작했다. 커튼을 탈수해서 꺼내는데 커튼천이 줄줄이 찢어졌다. 너무 놀라서 황급히 커튼을 살펴보았다. 커튼이 너무 오래되어 천이 삭아서 손만 갖다 대기만 해도 줄줄 찢어졌다. '어, 어떡하지? 혼잣말로 중얼거리다 아들을 불렀다. 커튼 천이 너무 오래되어서 세탁을 하니 찢어져서 사용할 수가 없다고 말했다.

아들은 걱정스러운 표정으로 날 바라보며 그럼 어찌해야 하냐고 물었다. 엄마가 선생님께 전화한다고 걱정하지 말라고 안심을 시켰다. 벽에 걸려 있는 시계를 보니 네 시 반을 가르치고 있었다. 아직 선생님이 퇴근 전이라 학교에 전화를 했다. 마침 담임 선생님이 전화를 받았다. 지금 상황에 관해 설명했다. 선생님은 학교에 있는 커튼은 비교적 오래된 것이 많아 그럴 것이라고 했다. 나는 통화를 하면서 속으로 생각했다. '그럴 걸 알면서 왜 보냈지? 새것으로 만들어 보내 달라는 얘긴가? 마음이 복잡했다. 선생님과 통화를 마치고 어떻게 해야 할지 고민을 했다. 결론은 아이를 위해 새것으로 만들어 보내기로 하였다.

커튼 사건이 지나고 얼마 되지 않았다. 학교에서 돌아온 아들이 내일 교실에 화분을 사가지고 가야 한다고 했다. 한 개도 아닌 다섯 개나 가지고 가야 한다고 한다.

"왜 그렇게 많이 필요하니?" 라고 물었다.

학급 미화를 위해 복도에 둔다고 했다. 혹시나 해 아들한테 물었다.

"너 또 손들었니?" 아들 대답은 역시 "네." 라고 했다. 순간 화가 욱 올라왔다.

"야, 왜 자꾸 손들어." 라며 소리쳤다. "반장도 아니면서 이럴 거면 반장을 하든지!" 라고 아들을 향해 쏘아붙였다.

아들은 얼굴이 빨개지며 아무 말도 못하고 가만히 서 있었다. 그러고 서 있는 것도 화가 났다.

"그러고 있지 말고 들어가." 라고 말했다.

그렇게 나는 아이한테 상처를 주었다. 그리고 난 아이에게 상처를 주었는지도 모르고 살았다.

아들이 중학교를 졸업하는 날이었다. 졸업식장에서 우연히 아는 지인을 만났다. 자신의 딸이 아들과 같은 학교에 다녔다. 지인은 은근히 딸이 상장을 많이 받았다고 자랑을 했다. 조금 부럽기도 하고 속상했다. 졸업식이 끝나자 아들은 친구들과 놀다가 저녁이 되어서야 들어왔다. 나는 지나가는 말로 넌 남들다 받는 상장 하나도 못 받고 뭐 했냐고 했다. 갑자기 아들이 흥분했다.

"엄마는 항상 이런 식으로 말해." 라면서 얼굴을 붉혔다.

생각지도 않은 아들의 반응에 당황스러웠다. 뭐가 항상 이냐면 아들을 향해 언성을 높였다. 그리고는 잊고 있었던 어린 시절에 상처받은 사건들을 일

일이 다 이야기했다. 그리고 아들은 이렇게 소리치며 말했다. 날 위해서 그랬다는 말은 하지 말라고 했다. 이 모든 것이 엄마 마음 편해지자고 한 것 아니냐고…… 그 말을 듣자 머릿속이 멍하니 하얘졌다. 그동안 아들을 위한다고 했던 모든 것들이 정작 아들은 아니라고 한다. 이 무슨 말 같지도 않은 얘기인지 나는 도저히 아들의 말을 이해할 수가 없었다.

아들이 대학 입학을 하고 어느 날 깊은 대화를 할 기회가 있었다. 그때 내가 이해할 수 없었던 것들을 대화를 하고 나서야 인정하게 되었다. 그동안 아이에게 했던 말들이 아이의 자존감에 얼마나 상처를 주었는지, 아들의 감정은 생각하지 않고 얼마나 내 맘대로 했는지 알게 되었다. 살면서 내가 아들에게 낸 상처가 얼마나 많았을까? 그동안 나는 잊어버리고 기억하지 못하는 그 많은 상처를 아들은 다 기억하고 있었다. 나는 솔직히 아무 생각 없이 한 말들을, 아들이 지금 말하는 이 순간도 사실 잘 기억나지 않는다.

반면 아들은 오래전 있었던 일들을 놀라울 정도로 머릿속에 차곡차곡 쌓아두고 있었다. 아들의 이야기를 들으면서 그동안 내가 아들한테 무슨 짓을 했나 생각하니 가슴이 철렁 내려앉았다. 그날 밤 아들은 자라면서 내게 상처받은 일들을 새벽까지 쏟아냈다. 그리고 나는 "엄마가 정말 미안해 잘못했어!" 라고 진심으로 아들한테 미안하다고 사과했다.

며칠 후 딸에게 아들하고 있었던 일들을 얘기했다. 그런데 딸한테 뜻밖의 반응이 나왔다.

"나도 똑같은 감정이야." 라며 딸이 나를 바라보면서 말했다.

딸은 자라면서 자신의 감정표현을 잘 하지 않는 아이였다. 그래서 딸은 별 불만이 없는 줄 알았다. 뭐든 시키면 고분고분 잘하는 아이였고 단 한 번도 부모 말을 거역하는 일도 없었다. 그런 딸이 폭탄 같은 발언을 했다. '나도 똑같은 감정이야.' 라고, 나는 망치로 머리를 세게 한 대 아니 몇 대를 맞은 기분이었다. 딸은 자라면서 아들과 달리 나하고 부딪침도 없이 잘 지낸다고 생각했었다. 그런 딸이 지금 내 앞에서 그동안 숨겨온 자기감정을 쏟아내고 있다.

딸은 자라면서 항상 엄마, 아빠를 실망시키지 않기 위해 힘들었다고 했다. 뭐든 시키면 고분고분 말 잘 듣는 아이로 알고 있어 하기 싫어도 해야 했고, 어쩌다 공부하기 싫어도 참고해야 했고, 불만이 있어도 말하면 엄마, 아빠가 실망 할까 봐 말도 못 했다고 한다. 어린 시절에는 당연히 그렇게 해야 되는지 알았다고 한다. 그런데 성장하면서 주위 친구들을 보면서 자기가 너무 바보 같다는 생각이 들었다고 했다. 뭘 하나 하고 싶어도 자기 생각은 없고 항상 물어보고 허락을 받아야만 하는 자기 자신이 너무 싫었다고 한다. 딸은 이야기 도중에 여태까지 쌓아둔 감정이 올라와서 펑펑 울었다. 나는 계속 성장하고 있는데 엄마 눈에는 왜 성장한 내가 안 보이는지 모르겠다고 했다.

그랬다. 아니, 나는 딸이 성장하는 것을 마음속으로 인정하지 않았는지도 모른다. 내 마음 편하기 위해 딸을 바보로 만들고 있었다. 나의 불안감이 아이를 망치고 있었다. 아이들한테 무슨 짓을 했지? 생각하니 가슴이 무너졌다. 딸을 끌어안고 울었다. 그리고 "미안해. 그동안 많이 힘들었지?" 라고 말했다.

그동안 나는 아이들에게 어떤 상처를 주고 있는지 잘 몰랐다. 너는 내 자식이니까, 나는 너를 사랑하니까 그렇게 해도 된다고 착각하였다. 다 너 잘되라고, 너를 위해서, 라고 하면서 사실은 나의 욕심을 채우고 있었다. 그러는 동안 아이들은 오랫동안 참고 쌓여있던 감정을 이제야 드러내면서 폭발하기 시작했다.

엄마는 모든 것을 잘할 수는 없다. 잘한다고 생각한 것도 간혹 아이에게 상처가 될 때도 있다. 때로는 사랑한다고 한 일이 아이의 입장에서는 심한 압박을 느낄 수 있다. 무심코 던진 말 한마디가 아이에게는 평생 잊지 못할 큰 상처가 될 수도 있다. 누구나 연습도 없이 처음 해 보는 엄마다. 아이의 마음속에 새겨져 있는 아픈 상처를 치유하기 위해서는 그것이 잘못이었다고 스스로 인정하고 반성해야 한다. 그래야 아이의 상처가 치유된다. 그리고 진심 어린 마음을 담아 사과를 해야 한다. 자식이니까 괜찮겠지라는 잘못된 생각이 오히려 부모와 자식 사이를 더 멀어지게 한다.

나는 생각하고 또 생각해본다.

오늘도 아이에게 상처를 주고 있지 않은지.

아이를 망치고 있지 않은지.

아이를 병들게 하고 있지 않은지.

엄마가 미안해!

"엄마! 오늘 피아노학원 안 가면 안 돼요?"라고 아들이 물었다.

"안 돼."라고 단호하게 말했다.

아들은 "오늘만요."라면 내 팔에 매달렸다.

아들은 끈기가 부족하다. 이번 달만 해도 피아노학원을 세 번 빠졌다. 이참에 버릇을 고쳐야 한다는 생각을 했다.

"그럼 피아노학원 가서 수업 빠진다고 말하고 오늘 수업료 받아와."라며 작심하고 말했다.

"어떻게 그래요?"라며 아들은 난처한 표정을 지으면 말했다.

"왜? 수업료 받아 올 자신 없니?"라며 아들을 쳐다보았다.

"자신 없으면 그냥 가?"라며 아들 표정을 살폈다. 아들은 난감한 표정을 지으면 한숨을 쉬었다. 잠시 후 아들은 체념한 목소리로 "다녀오겠습니다."라고 집을 나갔다.

한 달이 지난 어느 날 오후였다. 아들은 또다시 피아노 학원을 안 가겠다고 했다. 얼마 못 가 또 시작이라는 생각을 하니 울화가 치밀었다.

"넌 번번이 왜 이러니?"라며 언성을 높였다.

"뭘 좀 끈기 있게 꾸준히 제대로 하는 게 없니?"라며 아들을 노려보았다.

그런데 아들의 표정이 심상찮았다. 아들은 울면서 말했다.

"죽어도 가기 싫어요."라며 엄마는 아무것도 모른다며 펑펑 울어댔다. 나는 그때까지도 아들이 피아노 학원을 가기 싫어 그저 떼를 부린다고 생각했다.

"대체 왜 울어?"하며 아들을 다그쳤다.

아들은 울면서 말했다. 학원에 가면 선생님이 플라스틱 자로 손을 때려서 가기 싫다고 했다. 그래서 피아노를 배우기 싫다고 말했다. 아들의 말을 듣고 뭔가 잘못되고 있다는 생각이 들었다. 우는 아들을 달래며 자세히 말해보라고 했다. 아들은 감정을 추스르고 말을 시작했다. 피아노를 치다 틀리면 선생님이 자를 들고 있다가 손등을 때린다고 했다. 그래서 자기는 안 맞으려고 열심히 했는데 그럴수록 자꾸 많이 틀려서 속상하다고 했다. 그리고 맞으면 너무 아프다고 하였다. 그 말을 듣고 억장이 무너졌다. 이런 일이 있는지도 모르고 아들의 버릇을 고친다고 억지로 가라고 한 나 자신이 한심했다.

어린 시절 추운 겨울이었다. 동네 어귀 버스정류장 앞 레코드 가게에서는 크리스마스 캐럴이 울려 퍼졌다. 난 친구의 피아노 콩쿠르대회에 초대를 받았다. 오래된 지금도 그 모습이 잊어지질 않는다. 그렇게 화려하고 아름다운 소리는 난생처음 들었다. 친구는 '엘리제를 위하여라는 곡을 연주했다. 객석은 깜깜했다. 아무도 보이지 않았다. 무대 조명은 자줏빛 벨벳 드레스를 입고 피아노를 치는 친구를 비추고 있었다.

피아노를 치고 있는 친구의 모습이 너무 예뻐서 부러웠다. 연주회가 끝나고 집으로 돌아오는 길에 머릿속은 온통 피아노 소리, 자줏빛 드레스를 입은 친구의 모습으로 가득찼다. 그리고 나도 피아노를 치고 싶다는 생각을 했다. 집에 와서 엄마한테 나도 피아노를 배우고 싶다고 학원에 보내 달라고 했다. 하지만 내 말이 끝나기가 무섭게 혼이 났다. 먹고 살기도 힘든데 뭔 피아노냐며, 쓸데없는 소리 하지 말라고 했다. 하긴 그 시절에 피아노는 아주 부유한 집안에 사는 아이들만 배우는 것이었다. 친구 또한 부잣집 딸이었다. 너무 속상해 이불을 뒤집어쓰고 울었다. 그 후 나는 두꺼운 마분지로 피아노 건반을 만들었다. 소리가 나지 않는 건반을 매일 끊임없이 두드렸다.

그 시절 나는 피아노를 배우고 싶어도 학원에 못 갔다. 그랬기에 아들이 피아노 학원을 가기 싫어하는 것을 이해하지 못했다. 당연히 보내주면 열심히 다녀야 한다고 생각했다. 누구는 배우고 싶어도 여건이 허락하지 못 배웠기 때문에 보내줄 때 열심히 배워야 한다고 생각했다. 그러면서 어린 시절 못다한 나의 한풀이를 아들을 통해 강요하고 있었다. 그때 아들이 학원을 가기 싫어하는 이유를 왜 안 물어봤을까? 아이의 감정을 들여다보지 않고, 왜? 아들이 끈기가 없다고 내 마음대로 해석하고 아이를 대했는지 반성하였다.

카세트에 꽂혀있는 영어 테이프를 틀고 아이들을 깨웠다. 매일 아침 우리 집 풍경이다. 아침에 영어 테이프를 트는 이유는 나만의 교육 방법이다. 아이들이 자연스럽게 영어와 친해지게 하려고 이 방법을 선택했다. 아이들이 씻는 동안 식탁에 아침을 차렸다.

"책가방은 다 챙겼니?"라며 아이들을 쳐다보며 물었다.

"준비물도 챙겼니?"라며 아이들이 밥을 먹는 동안 나는 잠시도 틈을 안 주고 물었다. 아이들은 동시에 "네."라고 대답했다.

그래도 불안한 마음에 책가방을 열고 확인했다. 시간표를 보면서 가방 안에 있는 책들을 하나하나 살펴보았다. 필통을 열어 연필이 깎여있는지 확인하고, 준비물까지 확인하고서야 마음이 놓였다.

"다 먹었니? 늦겠다. 얼른 가." 라고 했다.

딸은 신발을 안 신고 쪼그리고 앉아 있었다.

"왜 그러고 있니?" 라며 다가갔다. 배가 아프다고 한다.

아침 먹은 게 체했나 싶어 소화제를 먹이고 배를 어루만져주었다.

"어때? 좀 괜찮아졌니?" 라며 걱정스러운 눈빛으로 딸을 쳐다보았다.

"병원에 갈까?" 라며 딸의 머리를 쓰다듬었다.

딸은 괜찮다며 고개를 끄덕였다.

"다행이다. 얼른 가?" 라고 말하며 학교 가서 또 아프면 선생님께 말씀드리고 양호실에 가라고 당부를 했다. 그런데 신발장 앞에서 안 가고 계속 꾸물거렸다.

"계속 안 좋니?" 라며 다가가서 또 물었다. 딸은 내가 다가가자 한숨을 쉬었다.

"왜 무슨 일 있니?" 라며 딸을 쳐다보았다.

"엄마, 나 학교 가기 싫어." 라고 했다.

왜 가기 싫은지 물어봤다. 남자친구가 괴롭힌다고 했다. 자기 공책에 낙서하고, 머리를 당기고 신발도 숨긴다고 했다. 어제도 신발을 숨겨 신발 찾느라 체육 시간에 늦게 나가 선생님께 혼났다고 했다.

"괴롭히지 말라고 말했니?" 라며 물었다.

"응."

"얘기해도 자꾸 해." 라고 했다.

그럼 선생님께 말씀드렸어 하고 물었다. 말 안 했다고 했다.

"왜? 말 안 했니?"라고 물었다.

그냥 말 안 했다고 했다. 그 말을 듣고 속이 상해 나도 모르게 튀어나왔다.

"바보같이 왜 말 안 했니?"라며 딸의 손을 잡고 학교로 갔다.

바보같이 말도 못 하고 계속 괴롭힘을 당하고 있었다고 생각하니 속으로 화가 났다. 도대체 얘는 누굴 닮아 이런 상황이 올 때까지 가만히 당하고만 있나 싶은 생각도 들고, 똑 부러지지 못한 성격이 마음에 들지 않아 더 속상하고 화가 났다.

교실에는 선생님이 아직 안 왔다. 아이들이 복도로 교실로 여기저기 뛰어다녔다. 그중 남자아이 한 명이 딸한테 뛰어왔다.

"야! 왜 이제 왔어?"라고 말하면 딸이 들고 있던 신발주머니를 뺏어갔다.

딸한테 물었다. 괴롭히는 얘가 쟤냐고, 딸아이는 고개를 끄덕거렸다. 딸을 교실로 들여보내고, 남자아이를 불렀다. 아이는 아무 영문도 모르고 다가왔다. 아이가 다가오는 짧은 시간 동안 많은 생각을 했다. 혼을 낼까, 달래볼까, 어떻게 할까. 하지만 결론은 달래보자였다. 혹시 혼을 잘못 내면 오히려 역효과가 날 수도 있다고 생각했다.

아이 손을 잡고 아이들이 없는 조용한 곳으로 갔다. 짧은 시간 동안 아이한테 많은 얘기를 했다. 아이는 다행히 내 이야기를 잘 이해하는 듯했다. 이야기하는 동안 나는 아이의 마음을 읽을 수가 있었다. 아이는 딸에게 관심이 있다는 것을 자기만의 방식으로 표현하였던 것이었다.

학교를 마치고 돌아온 딸의 표정이 밝아 보였다. 딸이 먼저 다가와 웃으며 이야기를 했다. 엄마가 돌아가자 친구가 자기한테 와서 미안하다고 말했다고 한다. 사실 집에 와서도 걱정이 되었다. 아이가 딸한테 어떤 반응을 보일지 궁금하여 계속 신경이 쓰였다. 딸의 밝은 표정을 보니 이제 마음이 한결 놓였다.

나는 아이들의 마음을 어떻게 키워야 하는지 잘 알고 있다고 생각했다. 하지만 아이들이 학교에 들어가면서부터 서서히 잊어버리기 시작했다. 아이들의 몸만 튼튼하고 건강하게 키우려고 애만 썼다. 정작 중요한 아이의 마음을 건강하게 키우는 일이 얼마나 중요한지 잊어버리고 있었다. 마음을 건강하게 키운다는 건 아이의 감정을 읽어주고 공감해줘야 한다.

나의 불안감이 아이를 망친다

엄마들이 아이를 대할 때 불안을 느끼는 감정의 원인은 크게 세 가지가 있다. 죄책감, 미안함, 욕심이다. 그중에서도 가장 큰 불안을 만드는 것은 욕심이다. 엄마들의 욕심은 자기 자신에 대한 확신이 없기 때문에 생긴다. 내가 하고 싶은 일, 갖고 싶은 것, 이루고 싶은 것을 아이가 대신해 주길 바란다.

불안감이 높은 엄마는 아이를 존중할 여유가 없다. 불안이 고조될수록 걱정이 늘어나고, 그 걱정은 꼬리에 꼬리를 문다. 그러다 보면 불안한 감정을 어떻게 표현할 줄 몰라 화를 내기도 한다. 공부에 한이 맺힌 엄마는 아이가 공부를 못하면 말할 수 없는 불안감을 느낀다. 아이가 미래에 자신처럼 불행해질까봐 불안해한다.

불안한 감정은 내 안에서 비롯된다. 지금 내가 불안하다면 '뭐 때문에 불안하지? 하고 생각해 봐야 한다. 불안한 감정이 어디에서 왔는지 제대로 알아차려야 한다. 마음이 불안할 때 가장 위험한 것은 지금 내가 왜 불안한지를 잘 모르는 것이다. 하지만 불안한 감정이 무엇 때문인지 알게 되면 그것만으로도 불안은 옅어진다.

누구나 불안감이 높으면 자신이 불행하다고 생각한다. 정말 행복해도 되는 순간조차도 불안 때문에 행복을 의심하게 된다. 엄마의 불안감이 높으면 아이는 부모로부터 행복이 아닌 불행을 학습하게 된다. 불안한 습관을 그대로 배워서 행복을 불행으로 착각하는 아이로 자랄 수 있다. 이처럼 엄마의 불안감은 아이에게 주는 영향은 치명적이다.

나는 어떤 엄마인가?

나 역시 아이들을 키울 때 불안감을 가지고 있었다. 아이가 내가 생각한 대로 해주기를 원했다. 만약 아이가 내가 생각한 대로 안 따라주면 불안해했다. 아이는 항상 내가 짜둔 스케줄대로 움직이기를 바랬다. 그러다 보니 아이를 계속해서 다그쳤다. 어쩌다 아이와 외출하는 날에는 아이를 따라다니면서 잔소리를 했다.

"일어나. 옷 입어. 뭐 하니? 양치했어?"

빨리 빨리를 끊임없이 외쳤다. 아이가 스스로 책가방을 챙겨놓고 잠이 들면, 아이가 자는 동안 가방을 뒤져서 준비물은 잘 챙겼는지, 책은 빠짐없이 잘 챙겼는지 항상 확인했다. 아이가 불안해서가 아니라 내가 불안하기 때문이었다.

나는 이렇게 아이를 재촉하면서 자율성을 침해하고 있었다. 이처럼 나는 지나친 불안한 마음과 아이에 대한 과도한 사랑으로 아이가 위기에 대처하는 법을 배우지 못하게 했다. 그런 경험을 해볼 틈을 주지 않았다. 인생을 살아가는데 아이가 건강하게 자라기 위해서는 스스로 도전을 할 기회 여러 번 찾아온다. 그러나 불안한 부모를 가진 아이는 그러한 기회조차도 얻지 못한다.

어린 시절, 시험 기간만 되면 나는 항상 불안했었다. 불안이 시작된 계기는 나의 공부를 오빠가 맡고부터 시작되었다. 오빠는 공부를 잘했다. 그래서 엄마는 내 공부를 오빠가 맡아서 지도하도록 했다. 나는 공부를 썩 잘하는 편은 아니었다. 그중 수학을 제일 못했다. 시험이 끝나고 나면 결과가 나올 때까지 마음이 불안했다. 왜냐하면 오빠는 지난 학기와 비교해서 성적이 떨어진 만큼 손바닥을 때렸다. 다른 과목은 열심히 하면 성적이 잘 나왔다. 하지만 수학은 아무리 열심히 해도 성적이 잘 나오지 않았다.

갈수록 성적은 더 떨어졌다. 그럴수록 나의 불안은 점점 더 커지었다. 시험지를 받는 날이면 친구 집에 놀러 가서 일부러 늦게 돌아오곤 했다. 그런 날도 오빠는 기다렸다가 시험지를 확인하고 어김없이 성적이 떨어진 만큼 손바닥을 맞았다. 체벌은 내가 중학교를 졸업하면서 끝이 났다. 내가 공부에 점점 흥미를 느끼지 못한 것도 아마 수학성적에 대한 불안감 때문인지도 모른다.

나 역시 수학에 대한 불안감 때문에 아이들을 힘들게 했다. 문제지를 한 달에 세 권씩 풀게 했었다. 채점하면서 매번 비슷한 유형의 문제를 틀리면 나도 모르게 아이들을 닦달했다. 그럴수록 아이들은 점점 자신감을 잃고 수학을 멀리하려고 했다. 그런 아이들을 보면서 나는 더욱더 걱정과 불안감을 가졌다. 그러한 불안감이 아이를 망치고 있었다.

부모는 왜 자신이 못했던 것을 아이는 잘하기를 바라는가?

부모는 아이를 키우면서 어린 시절 자신을 비춰보기도 한다. 어린 시절에 불안했던 기억을 아이를 통해 다시 떠오르게 된다. 아이가 어린 시절 자신과 비슷한 일을 겪는 것을 보면 감정조절이 어려워지고 불안감에 시달리기도 한다. 부모의 이러한 불안해하는 행동과 감정들을 보고 자란 아이는 정서적으로 불안감을 느낄 가능성이 크다.

불안한 감정은 누구나 느낄 수 있다. 적당한 불안은 살아가면서 때로는 필요할 때도 있다. 그러나 지나치게 불안한 감정은 심하게 긴장하게 하거나 때로는 상대방을 공격하기도 한다. 부모의 불안이 심할 경우 아이는 부모로부터 지나친 보호를 받게 된다.

아이를 지나치게 보호하는 엄마의 심리에는 걱정이 많다. 아이를 지나치게 보호하는 엄마는 자신의 불안한 감정을 없애기 위해 아이가 자신이 원하는 대로 행동하기를 바란다. 아이를 위해서가 아니라 자신이 불안하기 때문이다. 이런 경우 아이는 자기표현을 제대로 못 하고 움츠러들며 자존감이 낮은 사람으로 성장하기가 쉽다.

부모의 모든 행동은 아이의 발달과정에 큰 영향을 끼치게 된다. 부모는 아이를 하나의 인격체로 인정하고 아이의 마음은 존중해야 한다. 자신의 불안한 감정으로 인해 아이를 혼내거나 화내서도 안 된다. 부모는 자신의 불안이 어디에서 오는지 알아채고 아이에게 상처를 주지 않도록 노력해야 한다.

엄마는 아이에게 뭐든 다 해 주고 싶어 한다. 좋은 옷, 좋은 음식, 좋은 교육. 누가 어디서 뭐가 좋다더라 하면 내가 원한 것이 아니어도 귀가 쫑긋해진다. 아이를 낳기 전엔 뭐 저런 극성 엄마들이 다 있어? 하는 생각도 한다. 그런데 아이를 낳고 키우다 보면 무신경한 엄마도 그러한 정보에 귀를 기울여 듣게 된다. 아이를 위한 것이면 아이의 의사와 상관없이 뭐든지 다 해주고 싶은 것은 부모의 본능일 것이다. 행여 남들이 다하는데 안 하게 되면 내 아이가 뒤처지지는 않을까? 하는 이런 마음 때문에 엄마는 더욱 조급하고 불안해한다.

부모들은 내 아이와 다른 아이를 비교한다. 아이 자체를 인정해 주지 않고 주변의 다른 아이와 비교를 해 멀쩡한 아이를 바보로 만들기도 한다. 아이들도 각자 다른 개성을 가지고 있다. 모든 아이가 공부를 다 잘 하지는 않는다. 공부는 못하지만, 음악을 잘하는 아이도 있다. 그리고 마음이 착한 아이, 그림을 잘 그리는 아이, 춤을 잘 추는 아이도 있다. 다양한 영역에서 아이들은 제각각의 개성을 드러내고 있다. 하지만 엄마들의 우선순위는 항상 공부다. 먼저 공부를 잘하고 나머지는 더불어 잘하기를 바란다. 엄마의 이러한 잘못된 불안으로 인해 아이들은 열등감을 느끼게 된다. 우리는 아이들이 무엇을 하든지 괜찮은 사람으로 인정해줘야 한다.

불안한 원인은 내 안에 있다.

내가 힘드니까.

내 뜻대로 일이 안 풀리니까.

아이가 잘됐으면 하는 꿈이 무너질까봐.

결국 불안한 이유는 내 안에 있다.

제2장
잊고 살았던 나의 감정들

힘들었던 어린 시절

아침부터 비가 내린다. 창가로 가 밖을 내려다보았다. 거리에는 형형색색의 우산을 쓴 사람들이 바쁘게 걸어가고 있다. 출근길에 비가 와서 도로에는 차들로 꽉 막혀 더 복잡해 보인다. 비는 창을 타고 주르륵주르륵 내려온다. 유리창에 입김을 후하고 불어 손으로 그림을 그리고 지우기를 반복했다. 창틈 사이로 들어오는 쌀쌀한 찬바람이 몸속으로 스며들었다. 추운 향기가 느껴져 식탁 의자 위에 걸어뒀던 카디건을 걸쳐 입었다. 전화벨이 울렸다.

"아버지가 돌아가셨다." 라며 언니의 떨리는 목소리가 수화기 너머 들렸다.

"언제?" 라며 나는 말을 잇지 못했다.

"조금 전에." 라고 짧게 말했다.

"준비해서 빨리 와?" 라고 말했다.

나는 숨을 쉴 수가 없었다. 잠깐 동안 말을 못 잇고 가만히 서 있었다. 수화기 너머로 언니 목소리가 들렸다.

"나도 준비해서 갈게, 빨리 와?" 라고 말하고는 끊었다.

나는 전화 수화기를 들고 한동안 멍하니 서 있었다. 혼잣말로 중얼거렸다. '아버지가 돌아가셨다.' 아버지는 삼 남매 중 막내인 나를 제일 예뻐했다. 보통 아이들이 말을 시작하면 첫 마디가 엄마를 먼저 부른다. 그런데 나는 아버지를 먼저 불렀다. 잠을 잘 때도 엄마가 아닌 아버지 팔을 베고 잤다. 아버지를 많이 따랐다.

살을 에는 듯한 추운 저녁이었다. 오빠가 상기된 얼굴로 노란 봉투를 들고 와 아버지한테 주었다. 그 안에는 오빠가 고등학교 시험에 합격한 통지서가 들어 있었다. 아버지는 마음속 깊은 따뜻함을 가지고 있지만, 언제나 표정 변화는 거의 없는 분이었다. 그런 아버지의 표정이 봉투 안 흰 종이를 펼쳐 보고는 입가에 미소가 번졌다.

아버지는 기분이 좋은지 오빠보고 막걸리 한 주전자를 사 오라고 했다. 아버지는 술을 무척 좋아했다. 술을 마시고 기분이 좋은 날이면 항상 노래를 불렀다. 아버지의 애창가는 '홍도야 우지 마라', '단장의 미아리고개'이다. 기분이 좋아 술을 마시던 아버지는 '단장의 미아리고개'를 불렀다. 지금도 눈을 지그시 감고 노래를 부르던 그 모습이 생생하게 기억난다. '당신은 철삿줄에 두 손 꽁꽁 묶인 채로 십 년이 가도 백 년이 가도' 그렇게 아버지는 노래를 부르다 잠이 들었다.

아버지가 일하는 곳은 우리 집에서 버스로 세 정거장이다. 언니와 나는 낮에 심심하면 걸어서 아버지를 보러 가곤 했었다. 그날도 언니가 말했다.

"우리 아버지한테 가볼래?"

"응! 가 보자."

우리는 세 정거장이나 되는 먼 거리를 가다 쉬기를 반복해 아버지 일터에 도착했다. 나는 고개를 내밀고 안쪽을 기웃거렸다. 다행히 아버지가 먼저 우리를 보고 나왔다.

"밥 먹었나?"

"아니요?"

"가자. 냉면 사줄게!"

그리고는 우리를 앞질러 성큼성큼 걸어갔다. 조금 걸어가다 골목 안으로 들어갔다. 골목 안에는 냉면집들이 즐비하게 들어서 있었다. 간판에는 하나같이 약속이라도 한 듯 '평양냉면, 함흥냉면'이 적혀 있었다. 아버지가 첫 번째 집으로 들어갔다. 식당 안에는 사람들이 많았다. 우리도 아버지를 뒤따라 들어갔다. 주인아주머니가 반갑게 맞아주었다. 주인아주머니 얼굴에는 주름이 깊이 파여 삶에 무게가 느껴졌다. 거기는 아버지 단골집이었다.

"에고, 딸인가봐?"

아버지는 말없이 고개만 끄떡였다. 우리는 구석에 자리를 잡고 앉았다. 아버지는 우리한테 냉면을 시켜주었다. 냉면 값을 계산하고 아버지는 일터로 돌아갔다. 난생처음 먹어보는 냉면은 맛은 있었지만 어린 우리가 먹기에는 조금 매웠다. 이때까지 살면서 그렇게 맛있는 냉면은 또 다시 먹어보지 못했다.

얼마 후 아버지는 일을 그만두었다. 간간이 일은 했지만 오래 하지는 않았다. 아버지가 집에서 쉬는 날이 많아지면서 술 마시는 날도 잦아 졌다. 술을 마시는 날이 많아질수록 아버지의 한숨 소리는 깊어졌다. 날이 갈수록 아버지 얼굴에는 근심이 가득 찼다.

아버지가 일을 그만두면서 자연스럽게 엄마가 장사를 시작하였다. 반찬가게를 시작했다. 엄마는 밤새 반찬을 만들었다. 아침이 되면 만들어 놓은 반찬을 가지고 가게로 갔다. 엄마는 반찬 만드는 일이 익숙하지 않아 어떤 날은 새벽까지 부엌에서 덜그럭거리는 소리가 들렸다.

반찬가게는 손님이 그다지 많지 않았다. 만들어 간 반찬이 팔리지 않은 날은 우리 집 밥상에 올라왔다. 처음에는 반찬이 많아 좋았다. 장사가 점점 더 안 되기 시작하면서 우리도 엄마가 가지고 오는 반찬이 먹기 싫었다. 반찬 종류가 매일 똑같았기 때문이었다. 반찬가게는 얼마 하지 못하고 문을 닫았다.

어느 날 새벽이었다. 잠결에 어렴풋이 아버지와 엄마의 이야기 나누는 소리를 들었다. 아버지가 어딜 가는 것 같았다. 잠시 후 문을 열고 나가는 소리가 들렸다. 그리고 며칠이 지나서야 아버지는 돌아왔다. 그날도 동네에서 친구들과 술래잡기를 하고 있었다. 숨을 장소를 찾기 위해 여기저기를 뛰어다녔다. 저 멀리서 아버지 모습을 보였다. 한 손에는 수박을 들고 다른 손에는 얼음을 들고 오고 있었다. 나는 너무 반가워 아버지를 부르며 뛰어갔다.

"아버지!" 라고 부르며 뛰어갔다.

"와! 수박이다!"라며 신나서 아버지를 올려다보았다.

"내가 들래!" 라며 아버지가 들고 있는 손을 잡았다.

아버지는 무거워서 못 든다고 수박을 향해 손을 뻗으면 말했다. 아버지를 본 반가움보다 맛있는 수박을 먹을 수 있다는 생각에 기분이 들떠 있었다. 아버지의 옷자락을 잡고 팔짝팔짝 뛰면서 집으로 향했다. 아버지는 대야에 큰 덩어리의 얼음을 담았다. 큰 바늘을 얼음 위에 대고 망치로 살살 내려쳤다. 얼음이 쩍 하고 갈라졌다. 아버지는 갈라진 얼음 위를 바늘을 대고 조심스럽게 살살 쳤다. 얼음을 먹기 좋게 조각조각 잘게 부셨다.

그 옆에서 엄마는 수박을 반으로 잘라놓았다. 잘라놓은 수박 반통을 수저로 떠 아버지가 부셔놓은 얼음에 퍼 넣었다. 잠시 후 아버지와 엄마가 만든 수박화채가 완성되었다. 우리는 먼저 한 그릇을 먹었다. 그리고 너무 맛있어 몇 그릇을 더 먹었다. 아버지는 먹지 않고 우리를 지그시 쳐다보았다. 아버지의 모습에는 흐뭇함과 동시에 근심이 보였다.

아버지는 짧게는 삼사일, 길게는 보름씩 집을 비웠다. 집에 다시 돌아오는 아버지의 손에는 항상 먹을 것을 들고 있었다. 몇 달이 지나고 아버지는 더 이상 먹을 것을 들고 오는 일이 없었다. 또다시 집에만 있었다. 언제부터 아버지의 얼굴에는 근심보다 초조함이 보였다.

날이 갈수록 엄마는 짜증이 심해졌다. 아버지를 향한 원망의 목소리도 높아졌다. 엄마가 그럴수록 아버지는 입을 다물고 아무 말도 하지 않았다. 아버지가 술에 취해 있는 모습을 자주 볼 수 있었다. 술에 취한 아버지는 깊은 한숨을 쉬며 하늘을 쳐다보곤 했다. 아버지의 그런 모습이 슬퍼 보였다.

여러 해가 지났다. 아버지는 여전히 아무 일도 안 하고 집에 있었다. 아버지의 표정은 이제는 모든 것을 체념한 듯 보였다. 매일 술을 많이 마셔 얼굴빛이 안 좋아 보였다. 어느 날부터 아버지는 음식을 삼키지 못했다. 음식이 목에서 안 넘어간다고 했다. 음식을 먹으면 곧바로 토해냈다. 병원에 갔다. 아버지는 '식도암'이었다. 입원하고 수술을 했다. 하지만 얼마 가지 못하고 아버지는 우리 곁을 영원히 떠났다.

사는 게 힘든 엄마의 모습은 갈수록 초췌해 보였다. 언니와 나는 엄마의 한풀이 대상이 자주 되었다. 자라면서 엄마를 보면서 생각했다. '내가 싫은가?', '내가 미운가?' 내 엄마가 아닐지도 모른다.'라는 생각을 가끔 했었다. 그때는 어린 내가 감당하기에 엄마의 행동이 힘들고 이해가 되지 않았다.

그리고 마음속으로 다짐했다. '나는 엄마처럼 안 살 거야!' 라고. 나중에 내가 좀 더 성장하고 나서 엄마를 조금은 이해할 수 있었다. 결혼을 하고 두 아이의 엄마가 되었다. 아이들을 키우면서 힘들 때 나도 모르는 내 안에 엄마의 모습이 나왔다. 그런 나 자신을 보면서 깜짝 놀랐다. '엄마처럼 안 할 거야!' 다짐했는데 예전에 엄마처럼 지금 아이들을 대하고 있었다.

엄마의 아들 사랑

엄마의 아들 사랑은 지극하다. 아니, 지극하다 못해 지나칠 정도다. 엄마의 마음속에는 언제나 아들뿐이다. 자라면서 언니와 나는 엄마의 지독한 아들 사랑에 밀려 항상 뒷전이었다. 우린 모든 것을 오빠한테 양보해야만 했다. 매일 밥 먹는 시간만 되면 언니는 오빠의 밥그릇에 신경을 곤두세웠다. 언니가 생각할 때 엄마가 공평하게 음식을 주지 않는다고 생각해서였다. 나 역시 마음속으로 그렇게 생각했지만, 내색은 하지 않았다. 어느 날 아침을 먹는데 언니가 엄마한테 말했다.

"이거 오빠 거랑 바꿔줘." 라고 말했다.

"왜?" 라며 엄마는 언니를 쳐다보면 말했다.

"내 것보다 커" 라고 말했다.

"똑같은 거야." 라며 엄마는 언니를 보면 말했다.

"아냐, 저게 더 커 바꿔줘." 라며 언니는 안 물러서겠다는 투로 말했다.

엄마는 언니를 바라보면 "계집애가 욕심이 많다." 라며 오빠 거랑 바꿔주었다.

그 일이 있은 이후 우리 집 밥상 풍경이 바뀌었다. 엄마는 생선토막을 오빠 것보다 언니한테 더 큰 것을 주었다. 언니는 오빠보다 큰 것을 줘도 바꿔달라고 했다. 엄마는 언니가 어떤 반응을 할 것을 미리 알고 있었다. 언니가 그럴 때마다 엄마는 선심이라도 쓰듯이 바꿔주었다. 언니는 항상 오빠 때문에 자신이 손해 본다고 생각했다. 엄마가 오빠를 챙길수록 언니는 더 심통을 부렸다. 정작 떼를 써 바꿔놓고 먹지는 않았다. 언니가 엄마에게 할 수 있는 유일한 불만의 표시였다. 언니와 엄마의 신경전은 언니가 성장하면서도 계속되었다.

언니가 아프다. 심장이 안 좋다고 한다. 언니는 조금만 걸어도 얼굴과 입술이 새파랗게 변한다. 그래서 엄마는 모든 심부름을 나한테 다 시킨다. 가끔 언니한테 시킬 때도 있다. 그럴 때도 결국은 내가 하게 된다. 언니가 가다가 힘들어 돌아오기 때문이다. 언니가 아프니 당연히 집안일을 엄마는 나에게 많이 시켰다. 언니한테 시켜도 그것 또한 내가 마무리하는 일이 대부분 이었다. 어떤 때는 어린 내가 감당하기에 힘들 때도 많았다. 말은 하지 않았지만, 불만은 계속 쌓였다. 그리고 너무 힘들 때는 빨리 어른이 되고 싶었다. 어른이 되면 여기서 벗어날 수 있다는 생각을 했다.

부엌에서 엄마가 불렀다. 언니한테 심부름을 시켰는데 한참 지나는데 안 온다고 가보라고 했다. 언니가 심부름 간 길로 갔다. 한참을 가니까 언니가 길옆에 앉아 있었다.

"언니야." 라고 부르며 뛰어갔다.

언니는 얼굴색이 새파랗게 변해 앉아 있었다.

"괜찮아?" 라며 걱정스럽게 언니를 쳐다보았다.

언니는 고개만 끄덕끄덕 했다.

"그럼 집에 가자."라고 말하면 언니의 손을 잡았다.

언니는 내 손을 붙잡으면 말했다. 가게 가서 어묵을 사와야 한다고 했다. 나는 언니 얼굴을 가만히 쳐다봤다. 아직 얼굴색이 돌아오지 않았다. 언니의 그런 모습이 불쌍하기도 하고 또 한편 화가 났다. 왜 언니는 매번 아파서 이러는지 모르겠다고 생각했다.

"언니야! 여기 앉아 있어?"라고 말했다.

"내가 가서 사 올게."라고 말을 하고 가게로 뛰어갔다.

어묵을 사서 다시 뛰어오면서 언니가 잘 있는지 걱정이 되었다. 다행이 언니는 얼굴색이 하얗게 돌아와 있었다. 언니의 손을 잡고 천천히 집으로 오는 길에 갑자기 엄마가 기다리고 있다는 생각이 들었다.

"엄마 기다리니까 내가 먼저 뛰어갈게. 언니는 천천히 걸어와."

엄마가 기다리는 부엌으로 들어갔다. 어묵을 건네주며 말했다. 언니가 또 아프다고, 엄마는 한숨을 쉬며 어묵을 받아 들었다.

우리 집에는 책상이 하나뿐이다. 그것도 오빠 책상이다. 오빠가 고등학교를 졸업하면서 책상은 자연스럽게 우리가 사용할 수 있게 되었다. 그런데 언니가 나한테 책상을 양보를 해주었다. 기분이 너무 좋았다. 책꽂이에 책을 정리하고 책상을 닦고 의자에 앉았다. 태어나서 내 책상이 있다는 게 실감이 안 났다. 가끔 친구 집에 놀러 가면 자기 방에 책상이 있는 친구를 보면 속으로 아주 부러웠다.

오래되어 낡았지만 내 책상이 있다는 것만으로 행복했다. 책상에 앉아 책을 읽고 일기도 썼다. 저녁을 먹고 자려고 누웠다. 방에 달빛이 스며들었다. 어두운 방이 달빛으로 은은하게 비춰 밝아졌다. 머리 위쪽을 고개를 돌려 쳐다보았다. 달빛에 비친 책상이 보였다. 흐뭇했다. '아! 저게 내 책상이다.' 라며 마음속으로 중얼거렸다. 아침에 눈을 떴다. 책상이 잘 있는지 쳐다보았다. 밤새 아무 일 없이 그 자리를 지키고 있었다.

어느 날 학교에서 돌아왔다. 집안이 분주했다. 모르는 아저씨들이 집안 물건을 밖으로 들어내고 있었다. 그중 내 책상이 있었다. 나는 깜짝 놀라 아저씨한테 다가갔다.

"아저씨, 이게 왜 밖에 있어요?"라고 물었다.

"이건 내 책상이에요!" 라며 아저씨를 올려다보면 말했다.

"이거 가져가지 마셔요." 라며 책상을 손으로 잡으면 말했다.

아저씨는 나를 바라보면 이렇게 말했다. 우리는 가지고 가라 해서 왔으니까.

"엄마한테 말해 봐." 라면 말했다.

나는 집안으로 뛰어 들어갔다. 엄마는 물건을 정리하고 있었다.

"엄마! 내 책상이 왜 저기 있어?" 라며 울먹였다.

"방이 비좁아서 버려야겠다." 라며 엄마는 나를 보지도 않고 말을 했다.

"안 돼! 여태 괜찮았잖아." 라면 울었다.

엄마는 날 보지는 않고 정리만 계속하면서 말했다. 찬장을 하나 장만했는데 놓을 자리가 마땅치 않다고, 그래서 책상 자리에 놓아야 한다고 했다. 나는 눈물이 나고 화도 났다. "하필 왜 그 자리야?" 라고 엄마를 보면 소리를 쳤다. "장롱 버리면 되잖아." 라며 엄마한테 애원했다. 엄마는 아무 반응도 안 했다. "왜 하필 내 책상이냐고?" 라며 나는 악을 쓰면 울었다.

이때까지 참고 있었던 엄마에 대한 불만이 터져 나왔다. 이런 내 모습을 보고도 엄마의 표정은 냉담했다. 아니, 무시하고 있었다. 울면서 방으로 들어왔다. 여기저기 책과 공책들이 흩어져 있었다. 흩어져 있는 책과 공책들을 챙기면서 생각했다. 그동안 엄마는 내가 책상에 앉아 공부하는 것을 못마땅하게 여겨던 것 같다. 항상 책상에 앉아 있을 때 심부름을 시키고 했다. 엄마는 여자가 공부를 많이 하는 것을 싫어했다. 그래서 내가 공부라도 하려고 책상에 앉는 있는 게 싫어 책상을 없애 버렸다. 그런 엄마가 싫고 미웠다. 내 마음을 몰라주는 엄마가 원망스러웠다. 마음속 깊은 곳에서부터 엄마에 대한 분노가 올라왔다.

결혼하고 어느 날 엄마와 언니와 같이 하룻밤을 보내게 되었다. 우리는 엄마의 속마음이 궁금했었다. 엄마한테 물어봤다.

"엄마! 옛날에 우리한테 왜, 그렇게 모질게 대했어?"

"왜, 유독 지금까지도 오빠밖에 몰라?"

엄마의 대답은 의외였다.

"먹고 사는 게 힘들다 보니 그때는 악만 남더라. 그러다 보니 너희한테 화내는 일이 많았겠지. 나는 생각도 잘 안 난다."

"그럼 오빠하고 우리를 왜, 그렇게 차별했어?" 라고 또 물었다.

엄마의 대답은 우리가 상상하는 그 이상의 답변이었다. 오빠는 부모 제사를 지내주기 때문에 그렇게 해야 한다고 했다. 딸은 결혼하면 남의 식구이니까. 우리보고 이해해야 한다고 말했다. 그 시절은 다 그렇게 살았다고 한다. 아직도 엄마는 자신이 우리한테 준 상처를 모르고 있었다. 아니, 알아도 인정하고 싶지 않은지도 모른다.

엄마의 그런 모습을 보고 나는 마음속으로 말했다. '엄마가 힘들다고 자식한테 꼭 그렇게 상처를 줘야만 했냐고,' 엄마는 다 잊어버렸다. 하지만 나는 살면서 그 상처가 아프고 시려 너무 힘들었다고 말하고 싶었다. 하지만 엄마의 그런 모습이 더 안쓰러웠다.

감정 표현에 메말랐던 그 시절 부모님

어린 시절 혼자 있는 시간이 많았다. 식구들은 어둠이 내려야 하나둘 집에 들어온다. 깜깜한 방에 혼자 있는 것이 무섭고 외로웠다. 그날도 골목 어귀에서 눈이 빠지도록 엄마가 빨리 오기만을 기다렸다. '엄마 빨리 와.' 라며 혼잣말로 속삭였다.

거리에는 희미한 가로등이 길을 밝히고 있었다. 그다지 밝지는 않았다. 멀리서 오는 사람이 누군지 도저히 알아볼 수 없는 정도였다. 가까이 다가와서야 알아볼 수가 있었다. 가을 날씨지만 어둠이 내리니 몹시 추웠다. 바깥에 오래 있어 살갗이 저렸다. 그렇게 한참을 쪼그려 앉아 있었다. 저 멀리서 엄마 모습이 보였다. 너무 반가웠다.

"엄마." 라고 소리쳐 불렀다. 일어서 뛰어가려는데 뛸 수가 없었다. 너무 오랫동안 쪼그려 앉아 있어서 발에 쥐가 나 뛸 수가 없었다. 엄마가 다가왔다. 그런 나를 보고 엄마가 화를 냈다.

"추운데 왜 나와 있어."라며 쌀쌀맞게 말했다.

그리고 앞서 집을 향해 가버렸다. 엄마의 그런 반응에 나는 아무 말도 못 했다. 그냥 엄마 뒤를 졸졸 따라갔다. 너무 슬퍼 가슴이 아프고 저렸다. 혼자 있는 시간에 엄마가 보고 싶으면 엄마 치마에 얼굴을 파 묻고 냄새를 맡으면 그리워했었다. 온종일 엄마를 기다린 내 마음을 몰라주는 엄마가 원망스러웠다. 마음속에서 미움과 분노가 올라왔다.

학교에서 상장을 받았다. 상장이 구겨질까봐 책갈피에 끼워서 가방에 넣었다. 엄마가 좋아하며 칭찬을 해줄 것을 생각하니 기분이 좋아 집에 오는 발걸음이 가벼웠다. 동네에 들어서니 마침 아줌마들과 평상에 앉아 이야기를 하는 엄마의 모습이 보였다. 가방에서 상장을 꺼냈다. 아줌마들과 이야기를 나누는 엄마 앞에 나는 웃으며 상장을 내밀었다.

"엄마! 상 받았어."라며 활짝 웃었다.

동네 아줌마들은 잘했다고 칭찬을 했지만, 엄마는 기뻐하지 않았다.

"호들갑 떨지 말고 빨리 집에 가."라고 말했다.

엄마의 반응에 무안하고 속상했다. 엄마는 오빠가 상장을 받아오면 잘했다고 칭찬을 했다. 그리고 맛있는 저녁을 해 줬다. 저녁에 아버지가 오면 오빠가 받아온 상장을 보여주며 좋아했었다. 그런 엄마가 내가 상장을 받았는데 싫어했다. 저녁밥을 할 시간이 되자 엄마가 왔다. 나를 보더니 동네 사람들 있는데 상 받은 거 자랑하지 말라고 했다. 자기 자식이 상 못 받은 사람은 마음이 상한다고.

엄마는 우리보다 항상 남이 우선이었다. 남의 이목을 중요하게 생각했다. 엄마는 내 마음보다 동네 사람 마음을 더 생각하고 신경 쓰고 있었다. 그런 엄마가 이해되지 않았다.

학교에서 돌아왔다. 집에는 아무도 없었다. 집안이 어수선했다. 부엌에는 설거지가 잔뜩 담겨 있었다. 방에는 어제 깔고 잔 이불이 그대로 깔려 있었다. 가방을 내려놓고 청소를 시작했다. 먼저 이불을 개어서 이불장에 차곡차곡 쌓았다. 방을 깨끗이 쓸고 닦았다. 방 청소를 끝내고 부엌으로 갔다. 설거지가 담겨 있는 대야에 따뜻한 물을 부었다. 행주를 가지고 그릇을 깨끗이 닦았다. 몇 번을 헹궈서 마른행주로 그릇을 닦아 찬장에 집어넣었다. 청소를 다 끝내고 마루에 걸터앉았다.

엄마를 기다리면서 대문 쪽을 바라보고 있었다. 지나가는 사람은 하나도 없었다. 동네가 조용했다. 한참을 그렇게 밖을 내다보고 앉아있었다. 바깥에서 엄마의 목소리가 들렸다. 반가운 마음에 대문 밖으로 뛰어나갔다. 엄마는 머리에 배추를 잔뜩 이고 있었다. 무거운 표정으로 비키라고 했다. 머리에 이고 있던 배추를 내려놓으면 부엌에 가서 마실 물을 가지고 오라고 했다.

물을 한 대접 떠서 갖다 주었다. 엄마는 목이 많이 말라는지 물 한 대접을 숨도 안 쉬고 벌컥벌컥 다 들이켰다. 엄마 얼굴이 힘들어 보였다. 나는 방청소도 하고 설거지도 깨끗이 했다고 자랑을 하였다. 엄마는 나를 보면 잘했다고 했다. 칭찬을 받으니 기분이 좋았다. 잠시 후 부엌으로 간 엄마가 큰소리를 치며 나를 불렀다. 나는 놀라서 부엌으로 뛰어갔다.

"따뜻한 물 다 어쨌니?"라며 큰소리를 쳤다.

"설거지하는데 썼어요." 라며 엄마의 표정을 보며 기어들어 가는 목소리로 대답을 하였다. 엄마는 불같이 화를 냈다.

"소금 녹이려고 불에 물 올려놓고 갔는데 그걸 다 써 버리면 어떡해?"

"몰랐어요?" 라며 작은 목소리로 말하고 죄인처럼 서 있었다.

엄마는 시키지도 않은 짓을 해서 속 썩인다고 했다. 칭찬받으려고 청소했는데 따뜻한 물을 다 써버려 나는 속 썩이는 아이가 됐었다. 조금 전 칭찬받아 좋았던 기분이 갑자기 우울해졌다. 엄마는 칭찬에 인색했다. 그럴수록 나는 더 잘해서 칭찬받으려고 애를 썼다.

엄마가 일곱 살 때 외할머니가 돌아가셨다. 너무 어린 나이에 외할머니가 돌아가시는 바람에 슬픔도 못 느꼈다고 했다. 외할머니가 돌아가시고 처음에는 큰할머니 집에서 자랐다. 다행이 큰할머니는 자식 없이 혼자 살고 있었다. 큰할머니는 엄마를 자식처럼 많이 예뻐했다. 장날이면 같이 장에도 가고 예쁜 옷도 사주고, 머리도 묶어 주고 그렇게 잘 지냈다. 그렇게 몇 년을 지내던 어느 봄날 큰할머니마저 갑자기 돌아가셨다. 큰할머니가 돌아가시고 엄마는 갈 곳이 없었다. 혼자 외롭게 친척 집을 이리저리 옮겨 다니면서 눈치보고 살았다.

그러다 어느 날 먼 친척이모 집에 갔다. 그 집에는 엄마하고 나이가 똑같은 아이가 있었다. 엄마는 친척 이모가 시키는 집안일을 하고 있으면 그 아이가 와서 훼방을 놓았다. 그래서 그 아이하고 싸웠는데 친척 이모는 엄마를 혼냈다. 엄마는 너무 서러워 논두렁에 앉아 펑펑 울다 저녁이 다 되어서야 돌아왔다. 친척이모는 둘이 싸워서 안 되겠다고 내일 옆 마을에 있는 다른 친척집에 가라고 했다.

엄마는 밤새 잠이 안 오고 외할머니가 보고 싶어 울었다. 날이 밝고 엄마는 아침을 먹고 옆 마을로 터벅터벅 걸어서 점심때가 되어서 도착했다. 마을로 들어가서 사람들한테 물어물어 친척집에 도착했다. 친척 아줌마는 반겨 주지는 않고 한숨을 쉬며 짜증을 냈다. 그 후에도 엄마는 여러 집을 떠돌아다니다 아버지를 만나 엄마 나이 열아홉에 결혼을 했다.

어느 날 갑자기 찾아온 이별, 외할머니가 떠나자 모든 것이 예전과 달라졌다. 엄마는 외할머니의 냄새를 찾고, 외할머니의 목소리를 듣고, 잊어버리지 않고 간직하고 싶었을 것이다. 어른도 감당하기 힘든 아픔을 어린 엄마는 어떻게 견뎌냈을까? 외할머니를 떠나보내는 아픔은 그 어떤 이별보다 상처가 컸을 것이다. 아직 정서적으로 성숙하지 못한 어린 엄마에게는 큰 충격이었을 것이다. 결혼하기 전까지 거의 20년을 혼자 힘들게 살면서 때로는 누군가를 원망하며, 미워하고, 시기하며, 질투하고, 증오하면 살았을 것이다.

엄마는 일찍 외할머니가 돌아가시고 다른 사람한테 엄마의 감정을 수용 받지 못한 채 자랐다. 때문에 자식의 감정을 어떻게 받아주고, 수용하며 공감하는 방법을 몰랐던 것인 줄도 모른다. 너무 일찍 외할머니를 떠나보낸 엄마는 어린 시절 할머니의 사랑을 받지 못하고 자랐다. 그래서 사랑을 주는 것에도 서툴렀는지도 모른다.

우리는 감정조절에 대해 누구에게 배우거나 연습한 적도 없다. 감정조절은 자라면서 엄마로부터 배운다. 지금의 엄마들은 그 이전의 엄마들로 부터 '감정'을 수용 받지 못했다. 그래서 어린 시절 해결되지 않은 부정적인 감정이 어른이 되어서도 갈등으로 계속되기도 한다. 자신에게 엄마의 부정적인 모습이 드러나면 힘들어한다. 돌이켜 보면 나의 엄마도, 나도 어린 시절 부모로부터 인정받고 보호받고 싶은 욕구가 해결되지 않고 결핍된 채 살아왔었다. 그래서 끊임없이 이 욕구를 채우려고 자신도 모르게 상대를 힘들게 하고 있었다.

초 감정에 대하여

감정은 그 감정으로 끝나는 것이 아니라 뒤에 또 다른 감정이 깔린 감정이 있다. 이것을 '초 감정'이라고 한다.

어린 시절 나의 엄마는 마음속에 '화'가 많았다. 특히 아침에 빨리 일어나지 않으면 소리소리 치면 화를 냈었다. 나는 그런 엄마가 너무 싫었다. 중학교 시절 여름 방학이었다. 아침에 또 엄마의 고함소리가 들렸다.

"빨리 일어나!" 라고 소리를 쳤다.

그 소리를 듣고 잠에서 깬 나는 짜증이 나 이불을 뒤집어쓰고 귀를 막아버렸다. 방학인데도 아침 일찍 소리치며 깨우는 엄마가 싫었다. 잠시 후 엄마가 방으로 들어왔다.

"몇 신데 안 일어나고 뭐하니?"라며 고함을 치고 이불을 잡아챘다.

"방학인데 조금만 더 자고 일어날게요."라며 눈을 비비면 말했다.

"해가 중천에 떠 있다. 빨리 일어나!"라며 소리쳤다.

짜증이 났지만 일어나 이불을 개고 있는데도 엄마의 고함은 계속 들렸다.

"빨리 일어나! 안 일어나고 뭐 하니!"라며 소리쳤다.

"일어났어요."라며 나는 짜증 섞인 목소리로 대답했다.

나는 자라면서 엄마의 짜증 섞인 고함이 너무 듣기 싫었다. 어느 날부터인가 그런 상황이 되면 나도 모르게 화가 났다. 그렇게 세월이 흘러 결혼을 하고 두 아이가 엄마가 되었다. 아이들이 유치원을 들어가면서부터 내 마음속에 이상한 일이 일어났다. 보통 때는 아이들과 잘 지내지만, 유독 아이들이 소리를 치며 짜증을 부리면 신경이 예민해지고 화가 났다.

이런 감정은 아이들이 청소년기가 되면서 심한 갈등을 가져왔다. 특히 아들은 사춘기를 심하게 앓았다. 나와 대화를 잘 하려 하지 않는다. 어쩌다 할 일이 생겨도 대화의 끝은 꼭 아들이 짜증을 내면 소리를 치기 때문에 안 좋게 마무리 되는 경우가 많다. 아들의 이런 태도에 화가 나 대화의 본질은 잊어버리게 되고 나 역시 같이 언성을 높이게 된다.

그리고 돌아서면 후회를 한다. 하지만 또다시 그런 상황이 오면 이성을 잃어버리고 흥분을 하고 만다. 어른이니까 아이와 똑같이 소리치며 싸우면 안 된다는 것을 알면서도 막상 그 상황이 되면 잘 안 되는 것이 문제였다.

아이의 감정을 읽고 공감해 주려면 먼저 자기 안에 있는 감정이 무엇인지 알아차림이 중요하다. 어린 시절 엄마한테 매번 무시당하는 내 감정은 무시, 분노, 미움, 불안 등의 감정이 있었다. 아이를 키우면서 이때까지 알아차리지 못하고 살아온 '초 감정' 무시와 불안이었다.

어린 시절 엄마한테 인정받으려고 무단히 애를 많이 썼다. 하지만 엄마는 나를 인정해주기는커녕 매번 나의 감정을 무시했다. 엄마가 그럴수록 나는 더욱 더 안간힘을 쓰며 애를 썼다. 하지만 엄마는 끝까지 나의 감정을 외면했다. 그렇게 나는 감정을 무시당하면서 자랐다.

그리고 어느 날, 내가 엄마와 같은 행동을 내 아이한테 하고 있다는 것을 알게 되었다. 아이들의 감정을 외면하고, 무시하고 있었다. 아들과 관계가 극도로 악화되고 나서야, 나도 내 엄마와 똑같은 행동을 내 아이한테 하고 있다는 것을 알아차리게 되었다.

어떻게 나의 '초 감정'을 알 수 있을까?

내가 강하게 느끼는 감정이 무엇인지 알게 되면 자신의 '초 감정'을 알 수 있다. 즉, 언제 화가 많이 나는지, 언제 분노가 일어나는지, 그리고 나의 부모님은 화가 날 때 말과 행동을 어떻게 했는지 알아보면 나의 '초 감정'을 이해할 수 있다. 아이를 키우다 보면 엄마는 아이의 어떠한 행동으로 인해 화가 난다. 그 이유는 아이의 감정을 이해하지 않고 왜곡하며 자신의 감정으로 상황을 바라보기 때문이다.

엄마는 자신 안에 있는 '초 감정'을 알아차릴 때 아이의 감정을 있는 그대로 바라볼 수 있다. 만약 아이의 감정을 이해하지 않는다면 부모와 아이의 관계는 골이 깊어질 수밖에 없다. 아이는 자신의 감정을 알아주지 않는 엄마에 대한 화와 원망을 않은 채 자라게 된다. 이러한 엄마의 '초 감정'은 다시 아이에게 대물림되기도 한다.

초 감정을 다스리는 것은 감정코칭에서의 핵심이다.

감정은 좋고 나쁜 것이 아니고 자연스러운 현상이듯, '초 감정'도 좋고 나쁜 것이 아니다. 다 부정적이거나 불편한 것도 아니다. 초 감정은 너무도 큰 고통이기 때문에 사람들은 때에 따라서는 올라오는 것을 억누르고 회피하기도 한다. 초 감정을 만나는 것은 인생의 전환점이 될 만큼 큰 사건이 될 수도 있다.

자신의 '초 감정'이 무엇인지 모르면 상대방의 감정을 제대로 공감하기 힘들다. 사람에 따라 '초 감정'이 다를 수밖에 없다. 어려서 분별력이 생기기 전에 흡수되기 때문에 의식하지 못하고 사는 경우가 많다. 습관적으로 부적절한 행동을 반복하는 가장 큰 이유는 자신의 '초 감정'을 의식하지 못하기 때문이다. '초 감정'을 의식한다고 곧바로 변하지는 않겠지만 자신의 '초 감정'을 아는 것은 상대방의 감정을 읽는 데 도움이 된다.

초 감정은 다른 사람의 감정에 대한 감정만이 아니라, 자신의 감정에 대한 2차, 3차, 4차 감정도 있다. 초 감정은 하나가 아니라 여럿일 수도 있고, 여러 층일 수도 있다. 그렇기 때문에 이해하기 어렵다. 이해했다고 하더라도 알아차리는 데는 충분한 시간이 필요할 수 있다.

무의식 속에서 잠재되어 있던 기억은 세월이 지나도 흔적으로 남아있다. 우리는 자라면서 부모와 여러 가지 경험을 통해 세상을 살아간다. 이러한 경험속에는 행복한 기억도 있지만, 불행했던 기억도 있다. 감정에는 나쁜 감정이없다. 부정적인 감정이든 긍정적인 감정이든 모두 소중하다. 내가 어떤 감정이좋은 감정이라고 생각하고 어떤 감정이 나쁜 감정인지 생각해보면 자신의 '초 감정'을 알 수 있다.

제3장
감정코칭에 대하여

감정코칭이란 무엇인가?

　감정코칭이란 부모는 아이가 느끼는 감정의 문제를 인식하고 모든 감정을 올바르게 표현할 수 있도록 도와주는 것이다. 감정코칭은 아이가 감정을 보일 때 해야 한다. 그러기 위해서는 부모는 평소 아이가 표현하는 사소한 감정변화를 알아차리려고 노력을 해야 한다. 만약 잘 알 수 없다면 기분이 어떤지 물어보는 것도 좋은 방법이다.

　아침 등교 시간은 매일 바쁘다. 오늘도 아이는 자기가 입고 싶은 옷을 입고 가겠다고 고집을 부린다. 마침 그 옷이 계절에 맞으면 다행이지만 겨울인데 여름 원피스를 입고 가겠다고 떼를 쓴다면 당황스럽다. 엄마는 이 옷을 입고가면 추워서 감기에 걸린다는 설명을 해준다. 하지만 아이는 엄마의 설명에도 예쁜 원피스가 입고 싶은 모양이다.

　"학교 늦겠다. 빨리 옷 입어야지."

　"이 옷 입을래요."

　"이건 여름 원피스잖아. 추워서 안 되는데 어떡하지?"

"그래도 이거 입고 싶어요."

"날씨가 추워서 이 옷 입고 나가면 감기에 걸린단다. 다른 옷 빨리 입어."

"……. (말을 안 하고 앉아 있다)"

이런 상황이 되면 대부분 엄마들은 욱하는 감정이 먼저 올라온다. 성격이 급한 엄마일수록 올라오는 감정을 다스리기가 힘들다. 앞서 말했듯이 감정코칭은 아이가 감정을 보일 때 해야 한다.

"많이 속상한 것 같은데 말해줄 수 있겠니?"

"이 원피스를 입고 싶어요."

"아, 이 원피스 입고 싶은데 엄마가 추워서 안 된다고 해서 속상했구나."

"네."

"엄마도 우리 딸이 이 원피스 입은 모습이 예쁘단다. 그런데 이걸 입고 가면 추워서 감기 걸리는데 어떡하지? 꼭 이 원피스를 입고 싶은 이유를 이야기해줄 수 있니?"

"이 원피스를 입고 가면 친구들이 예쁘다고 해서 기분이 좋았어요."

"그랬구나. 엄마도 우리 딸이 원피스 입었을 때가 제일 예뻐서 기분이 좋았는데, 너도 그렇구나."

"네."

"그런데 여름 원피스라 입고 가면 춥지 않을까?"

"네, 추울 것 같아요."

"그럼 어떻게 하면 좋을 것 같니?"

"겉에 패딩 점퍼 입고 가면 좋을 것 같아요."

"그래 그러면 되겠네. 좋은 생각이다."

"네."

"지금 기분이 어때?"

"좋아졌어요."

아이는 친구와 장난감을 가지고 놀다가 싸워서 화가 많이 나 있다. 친구가 아이가 아끼는 장난감을 망가뜨렸기 때문이다.

"화가 많이 났구나, 엄마랑 이야기 좀 할까?"

"싫어요."

"무엇 때문에 화가 많이 났는지 말해줄 수 있겠니?"

"내 장난감을 친구가 일부러 망가뜨렸어요."

"아~ 그렇구나, 정말 속상했겠네."

"네."

"그런 일이 자주 있었니?"

"가끔 있었어요."

"가끔 있었구나. 그럴 때마다 넌 어떻게 했어?"

"속상했지만 참았어요."

"그랬구나. 그때 기분이 어땠니?"

"안 좋았어요."

"그렇구나. 속상하고 안 좋았구나."

"네."

"다음에 또 이런 일이 생기면 어떻게 하면 좋을 것 같니?"

"이제 내 장난감 망가뜨리지 마! 말할 거예요."

"그렇게 말할 수 있겠니?"

"네."

"그래, 다음에는 그렇게 해보자."

"네."

"지금 기분이 어떠니?"

"좋아졌어요."

이런 상황에서 엄마는 아이의 기분을 물어보는 것이 중요하다. 물어볼 때는 사고가 닫혀 있는 질문을 하기보다 열려있는 질문으로 접근해야 한다. 왜냐하면, 닫혀 있는 질문을 하게 되면 아이는 '예', '아니오.'로 답을 할 수밖에 없기 때문이다. 하지만 사고가 열려있는 질문을 하게 되면 '속상해요.' '짜증나요' '걱정돼요' 등 다양한 대답을 할 수 있다. 또한 감정코칭이 끝난 후 아이의 기분을 묻는 이유는 아이의 마음에 불편한 감정이 남아 있는지 알아보기 위함이다. 엄마와 아이 모두가 정서적으로 편안하다면 감정코칭이 잘되었다는 것이다.

세상 모든 엄마들이 위와 같이 감정코칭을 잘 할 수 있다면 좋겠지만 대부분 엄마들은 막상 그 상황이 되면 무너져 버리게 된다. 물론 이론적으로 공부를 해서 잘 알고 있다. 하지만 실전은 다르다. 나 역시 그 상황이 되면 이성보다 감정이 먼저 올라와 자주 실패를 했었다. 경험으로 비추어 볼 때 이것은 습관화하는 훈련이 필요하다. 나는 아이들이 이러한 행동을 보일 때 욱하는 감정이 올라오면 마음속으로 열을 세면서 호흡을 가다듬으면 생각한다. '지금 이 감정은 무엇이지?' 라며 내 마음을 들여다본다. 물론 처음부터 쉽지는 않다. 하지만 자주 하게 되면 신기하게도 어느 정도 욱 오라오는 감정이 가라앉는걸 느낄 수 있다. 이것이 습관화 되면 아이가 하는 행동을 먼저 보기보다 감정을 먼저 읽게 된다.

우리 인생에서 감정은 정말 중요하다. 감정을 잘 다스려야 행복하다. 감정을 잘 다스리지 못하는 사람은 그렇지 않은 사람보다 스트레스를 더 많이 받는다. 아무리 좋은 직장에 들어가고 좋은 대학을 나와도 성공하기 힘든 세상에서 아이가 자기감정을 잘 다스리지 못한다면 그 아이는 과연 행복할 수 있을까? 우리는 살아가면서 자신의 감정을 알아야만 다른 사람의 감정을 읽을 수 있다. 부모는 아이가 자신의 감정을 잘 다스릴 수 있도록 도와줘야 한다.

감정이 왜 중요할까?

어떤 현상이나 사건을 접했을 때 마음에서 일어나는 느낌이나 기분을 '감정 (感情)'이라고 한다. 감정을 참으면 결국 몸과 마음의 병이 된다. 감정을 잘 다스린다는 것은 감정을 부정하거나 억누르는 것이 아니다. 자신이 느끼는 감정을 잘 표현하는 것이 감정을 잘 다스리는 것이다.

사회적으로 명성을 얻었어도 자신의 감정을 통제하지 못해서 종종 무너지는 일들을 볼 수가 있다. 감정을 잘 조절하고 제어하는 것은 그만큼 중요하고도 어렵다. 감정을 원활하게 조절하는 방법은 어릴 때 다양한 감정을 제대로 수용하는 것에서부터 시작된다.

감정을 표현하는 것이 중요한 것은 우리에게 감정이 있기 때문이다. 살아가면서 우리는 이성에 근거한 판단을 하게 된다. 또 사회가 그것을 요구하고 있다. 감정이 발생하는 원인은 다양하고 정서적 반응과도 구별된다. 감정적으로 행동한다는 것은 이미 우리에게 감정에 대하여 부정적인 점수를 주고 있기 때문이다. 우리에게 감정은 분명히 존재한다. 그래서 우리는 분노나 불안이나 내가 지금 느끼는 모든 감정을 잘 알아차릴 필요가 있다.

우리는 살아가면서 행복하다고 느낄 때 기분이 좋아지고, 불행하다고 느낄 때 기분이 우울해진다. 감정을 표현하지 않거나 감정을 모른다는 것은 자신의 감정을 억압하고 있다는 것이다. 감정이란 생기면 표현해야한다. 이것이 억압되어 있다면 언젠가는 문제가 발생하게 된다. 대부분의 심리적 문제들은 감정이 억압되어있어 생기는 문제다. 감정을 표현한다는 것은 심리적 어려움을 해결하는 중요한 방법이라 할 수 있다. 어떠한 일이 생겼을 때 자신이 지금 느끼는 감정이 무엇인지 잘 모른다면, 그동안 심리적으로 억압을 받고 있지 않나 한번 자신을 들여다볼 필요가 있다.

감정은 한번 무너지면 회복하기가 힘들다. 많은 심리적 문제들을 살펴보면 대인관계에서 생기는 감정을 제대로 표현하지 못해서 생기는 경우가 많다. 대인관계를 하기 위해서는 상대방의 감정이 무엇인지 알아차리고 이해하는 것이 중요하다. 자신의 감정을 잘 알 수 있는 사람은 상대방의 감정을 알 수 있다. 누구나 이성을 가지고 있지만, 감정도 가지고 있다. 심리적으로 평온할 때는 이성이 잘 기능을 한다. 하지만 힘들고 괴로울 때, 고통스러울 때는 이성이 제대로 작동하지 않는다.

그래서 결국 감정이 표현과 생각과 행동을 지배하게 된다. 사람들은 감정에 끌려 다니면서 자신의 감정에 대해 들여다보지 않는다. 우리는 긍정적인 감정과 부정적인 감정과 관계없이 감정의 지배를 받는다. 특히 부정적인 감정에는 더욱 더 그렇다. 우울하든지, 불안하든지, 혹은 분노가 올라와도 자신의 감정보다 그 원인을 자신의 감정을 자극하는 상황이나 사람 등으로 인해 감정을 다스리지 못해 후회하게 된다.

감정은 제대로 발달해야 한다.

자신의 감정과 친해진 아이가 내면이 건강한 아이로 자란다. 어떤 감정이라도 존재이유가 있다. 아이가 자신이 느끼는 감정을 표현하는데 부끄러워하거나 거부하도록 두지 말아야 한다. 내 안에서 올라오는 감정을 제대로 알 수 있도록 해야 한다. 그리고 적절하게 표현할 수 있도록 해야 한다. 그런 아이는 타인의 감정도 잘 읽어 줄 수 있다.

아이들에게 감정을 표현한다는 것은 성장하는 과정에 매우 중요한 일이다. 대인 관계도 원활하게 할 수 있다. 또한 자기감정 표현이 곧 의사 표현이기 때문에 당당하게 자신을 잘 표현하는 것이 주도적인 아이로 성장할 할 수 있다.

아이는 감정을 표현하는 방법이나 전달에 대해서 아직 잘 모른다. 아이들이 감정을 억누르고 표현하지 않는 것은 대부분 주변 환경에 의해 그렇게 된다. 이런 경우에는 감정표현에 능숙한 부모가 먼저 아이에게 알려주어야 한다. 부모에게 자주 혼이 나게 되면 아이는 자신의 감정을 표현하는데 또 혼날 것을 생각해 두려움을 느낄 수 있다. 부모는 아이가 자신의 감정을 잘 표현 할 수 있도록 긍정적인 말과 행동을 해야 한다. 성격이 소심한 아이일수록 자신의 감정을 숨기는 경우가 많다. 그런 아이일 경우, 부모가 먼저 질문을 하고 물어보며 감정을 잘 표현 할 수 있도록 도와준다.

자신의 감정표현을 존중받은 아이는 타인의 감정도 존중한다. 반면, 감정표현을 존중받지 못한 아이는 타인의 감정에 대해 이해하지 못한다. 아이가 감정을 표현하는 이유는 자신의 감정을 알려주고 싶기 때문이다. 부모는 먼저 자신의 감정을 표현하는 방법도 좋지만, 아이의 감정을 먼저 물어보는 것이 좋다. 부모가 먼저 표현하고 알아줄 때, 아이는 존중받는 느낌을 받게 된다. 이처럼 감정을 알아가는 방법은 부모와 아이 모두에게 건강한 감정표현으로 돌아온다.

아이에게 감정을 제대로 알려주는 것은 아주 중요하다. 감정은 한순간에 나타났다가 사라진다. 태어날 때부터 타고난 성격과 기질은 변화가 어렵다. 하지만 감정은 '어떤 사건을 만났을 때 생기는 순간적인 기분'이기 때문에 적절히 대처하는 방법을 배울 수 있다.

자신의 감정에 휘둘리지 않고 정확히 바라보며 대처할 줄 알아야 한다. 자신의 감정을 수용하는 아이들은 정서 지능이 높게 발달한다. 이 정서 지능이 제대로 발달하지 못하게 되면 아이는 내성적인 성격으로 자라기 쉽다. 다른 사람과의 공감이 어려워 소통에 문제가 생기기도 한다.

부모는 아이 감정이 어떤지 인식하고 읽어줘야 한다. 감정을 지나치게 과장하거나 축소하지 말아야 한다. 있는 그대로 수용하는 것이 중요하다. 감정이 격해지면 가라앉을 때까지 기다려 줘야 한다. 부모들은 아이의 울음을 빨리 그치게 하고 싶고, 화를 내지 못하게 하고 싶어 한다. 때문에 아이가 부정적인 감정을 보이면 빨리 없애버리려고 한다. 아이의 감정을 부정하지 말고 기다려 주는 것이 중요하다. 아이는 감정이 가라앉으면 자신의 감정이 무엇인지 스스로 알도록 한다.

이런 과정을 겪으면서 아이는 정서 지능이 높아진다. 아이가 가장 행복하다고 느낄 때는 혼자 무엇을 성취했을 때다. 스스로 무엇을 성취하려면 가장 중요한 것이 정서 지능이다. 부모가 아이들에게 물려줘야 할 것은 감정을 스스로 잘 조절할 수 있도록 하는 것이다. 친구와도 좋은 관계를 맺고 자기 역할을 잘할 수 있도록 도와준다. 부모가 아이와의 관계에서 자기감정을 잘 다스리는 법을 보여주면 아이도 자연스럽게 보고 배운다.

부모들은 아이들의 신체발달과 지능 발달이 정상 수준인지 점검하고 걱정한다. 하지만 정서 발달에는 관심을 적게 가진다. 아이는 정서가 발달해야 스스로 감정을 조절하게 된다. 그리고 다른 사람의 감정도 이해하게 된다. 아이의 정서발달은 부모가 일찍 시작해야 한다. 정서를 돌보는 것은 신체와 지적인 발달을 돕는 것과 똑같이 중요한 일이다.

감정은 외면한다고 해서 사라지지도 않는다. 우리는 하루에도 수십 번 아니 수백 번의 감정의 변화를 느끼면 살고 있다. 감정은 엄청난 힘을 가지고 있다. 큰 폭풍처럼 다가와 자신의 의지대로 멈출 수도 없다. 한 번 일어난 감정은 쉽게 가라앉지도 않는다. 좋은 감정이든 나쁜 감정이든 누구든 그것에서 벗어 날 수 없다. 특히 아이들을 키우면서 엄마는 하루에도 여러 가지 감정을 경험한다. 그 감정으로 힘들어하거나 죄책감을 느끼기도 한다.

감정은 눈에 보이지 않는다. 모든 마음의 문제를 해결하는 출발선은 내 감정을 살피는 것에서부터 시작된다. 엄마의 감정에는 공격성도 있고 죄책감도 있다. 내 감정을 잘 다루기 위해서는 우선 내 감정을 알아차리는 것이 중요하다. 감정은 의식하여 살피지 않으면 아무리 내 감정이라고 해도 알 수가 없다. 나의 잘못된 감정이 무언인지 알아차려야만 해결될 수 있다.

감정을 받아주면 자존감도 높아진다

아이를 키우면서 감정을 다 받아 준다는 것이 쉽지는 않다. 아이의 자존감을 높이기 위해서는 마음을 읽어주고 공감해주는 것이 중요하다. 아이들은 엄마한테 공감받기를 원한다. 아이들과 대화를 하다보면 공감 받지 못할 때 아이들은 엄마의 말을 끝까지 들으려 하지 않는다.

마음을 제대로 읽어주고 공감하려면 상황에 맞는 감정코칭이 필요하다. 모든 상황에서 감정코칭이 필요한 것은 아니다. 감정코칭이 필요할 때가 있고, 오히려 감정코칭을 하면 '화가 되는 경우도 있다. 감정을 읽어주지 말아야 할 경우에 읽어주면 의존적인 아이가 된다. 때로는 엄마의 어설픈 감정코칭이 문제를 더 악화시키는 경우도 있다.

엄마는 감정코칭으로 아이의 모든 문제를 다 해결해주려고 하면 안 된다. '아이가 화가 났을 때 '아, 정말 화가 나겠구나?'라고 아이의 감정을 수용해주면 된다. 감정코칭의 기본 원칙은 '마음을 읽어주되, 행동에는 통제해야 한다.' 마음을 알아주는 것이 아이들의 정서 건강에 매우 중요하다. 하지만 지금 이 상황이 마음을 읽어줘야 하는 때인지, 통제가 필요한 때인지 정확히 알아야 한다. 행동에 대해 통제를 해야 할 때는 아이의 감정을 먼저 읽어주고 행동이 잘못되었다는 것을 아이가 깨닫게 해 주는 것이 중요하다.

예를 들어 동생이 장난감을 망가뜨려 화가 났다면 '화가 많이 났구나. 어떻게 하면 좋겠어?' 라고 먼저 물어본다. 아이는 동생을 '때려주고 혼내주면 좋겠어.' '내 장난감 못 만지게 할 거야.' 등 여러 가지 대답을 할 수가 있다. 이때 동생을 때리고 혼내는 것은 안 된다는 것을 분명히 얘기해줘야 한다. 그다음 아이가 원하는 목표를 확인해야 한다. 이 경우는 아이는 동생이 앞으로 '장난감을 망가뜨리지 않게 하는 것'이 목표가 될 수 있다. 아이 스스로 원하는 목표를 확인하는 것이 매우 중요하다. 그래야 아이는 목표를 이루기 위한 해결책을 찾을 수 있다.

"이제 텔레비전을 그만 보고 숙제해."

"조금만 더 보고요."

"안 돼, 약속시각이 지나잖아!"

"…….(계속보고 있다)"

"그만 보라고 했지?"

"(짜증을 내면 운다.)"

아이가 자신이 해야 할 일을 안 하고 반항할 때가 있다. 이럴 경우 부모들은 당황하게 된다. 이런 상황에서 엄마는 아이가 하는 행동을 보고 혼내지 말고 '왜 우는지' '왜 싫은지'를 먼저 물어보는 것이 좋다. 이유를 듣고 아이의 감정에 공감해 주게 되면, 아이는 부정적인 감정이 풀어지면서 편안함을 느낄 것이다. 긴장이 풀어지면 부모의 말을 긍정적으로 받아들일 마음의 여유도 갖게 된다.

부모들은 자신도 모르게 다른 아이와 자꾸 비교하게 된다. 아이와 갈등하는 이유 중 하나가 비교에서 시작된다. 다른 아이와 비교를 하게 되면 아이는 자신의 가치가 비교 대상보다 낮다고 생각하게 되기 쉽다. 이로 인해 부모에 대한 반항심이 생기게 된다. 부모의 말을 무조건 거부하게 된다. 어른들도 아이와 마찬가지로 남과 비교를 당하면 기분이 상하며 자존감에 상처를 입는다. '내가 못나서 그런가' '왜 나는 안 될까.' 이런 생각이 하나둘씩 쌓이다 보면 결국에는 자존감이 낮아지게 된다. 아이를 훈육할 때 조언이나, 충고할 때에는 남들과 비교하는 말은 하지 않는 것이 좋다. 비교는 아이의 성적 향상은 물론 인격 형성에도 도움이 되지 않는다.

우리는 하루에도 수십 번씩 아이에게 명령한다. '손 씻어.' '밥 먹어.' '이거 해.' '저거 해.' '이건 안 돼.' '저건 안 돼.' 등의 지시를 한다. 그러나 정작 지시를 하면서 이런 행위가 왜 필요한지 설명해 주는 경우는 거의 없다. 반드시 왜 조용히 해야 하는지에 대한 이유를 설명해야 한다. 예를 들어 "지금 동생이 자고 있는데, 떠들면 깨니까 조용히 해." 라는 식의 이유를 설명해야 한다. 이런 양육 방식이 아이의 지능 발달에 결정적 영향을 주는 까닭은 모든 일에는 원인과 결과가 있다는 합리적인 사고를 무의식적으로 일상에서 가르치기 때문이다.

부모는 아이가 자기 생각대로 하기를 원한다. 아니, 그렇게 하기를 강요하기도 한다. 기준을 세우고 그 기준에 미치지 못하면 때로는 '너는 만날 왜 그 모양이니?' '너는 도대체 어떻게 된 얘가'와 같이 질책을 하기도 한다. 이런 말을 자주 듣는 아이는 자신감을 잃게 된다. 아이가 실수하게 되면 결과보다 얼마나 노력했는지에 대한 과정을 인정해 줘야 한다. 부모가 자신을 믿고 사랑한다는 사실을 아이가 깨닫게 되면 자존감은 저절로 높아진다. 이런 믿음을 받고 자란 아이는 다른 사람의 실수와 잘못도 용서할 줄 아는 배려심이 깊은 아이로 성장하게 된다.

그렇다면 구체적으로 어떤 방법으로 아이의 자존감을 높여줄 수 있을까?.

아이가 학교에서 돌아와서 '애들이 내 키가 너무 작아 도토리라고 놀려.' 나

이제 학교 안 갈 거야.' 라며 울기 시작할 때 엄마가 뭐 '그만한 일로 울고 그러니?'라고 반응하면 대화가 이루어질 수 없다. 아이의 마음을 잘 읽으려면 엄마가 아이의 이야기를 들어주려는 마음이 있다는 것을 느끼도록 해야 한다. '도토리라 놀려 속상했겠구나?' 라고 하면서 아이의 감정을 읽어주면 아이는 엄마가 내 편이라는 생각이 들어 속상했던 마음이 풀어진다. 이때 부모가 자신의 말에 귀 기울여준다는 사실만으로도 아이는 스스로 복잡한 자신의 감정을 정리하고 해결책을 찾는다.

아이가 학원을 가기 싫어하며 '학원에 가고 싶지 않구나?' 하고 좋게 말하는 부모는 드물다. '또 학원 가기 싫어' '어휴, 커서 뭐가 되겠니?' 와 같은 소리가 나오기 쉽다. 어떠한 상황에서든 수용을 먼저 해야 한다. 왜? 학원에 가기 싫은지, 또 다른 이유가 있는지, 학원에 가지 않으면 앞으로 공부는 어떻게 할 것인지에 대한 이야기를 해 볼 수 있다.

자신의 감정을 자주 무시당하는 일이 많을수록 아이의 자존감은 떨어진다. 자존감이 낮은 아이는 자신의 가치와 능력에 대한 믿음이 없다. 아이는 학교생활, 여가 활동에서 자신의 능력을 마음껏 펼치지 못한다. 또래 관계와 가족관계도 좋지 못한 경우가 많다. 반면, 자존감이 높은 아이들은 학업 생활 및 여가 활동을 잘한다. 그리고 또래 관계와 가족관계 등 여러 측면에서 활동을 잘하며 성취감을 느낀다.

아동기에 형성된 자존감은 전 생애에 걸쳐 영향을 받는다. 특히 부모의 양육 태도에 의해 많은 영향을 받는다. 자존감 높은 아이로 키우고 싶다면, 아이의 감정을 인정하고 수용하는 부모로 변하는 것이 우선이다. 아이의 단점보다 장점과 긍정적인 면을 봐야 한다. 아이를 먼저 도와주기보다 능력을 믿고 기다려줘야 한다. 때로는 실수를 해도 속상한 마음을 이해하며 격려해야 한다. 아이는 자신을 믿어주고 인정해주는 부모의 마음을 느끼게 된다.

나는 어떤 유형의 부모인가?

세상에는 다양한 유형의 부모가 존재한다. 자신의 성격이나 개성, 가치관 등에 따라 아이를 양육하고 교육하고 있다. 어린 시절, 자아가 성숙하지 못할 때 아이가 느끼는 부정적인 감정에 대해 부모가 어떤 태도로 대처하느냐에 따라 아이의 성격과 자존감에 큰 영향을 미치게 된다.

아이를 키우면서 가장 중요한 것은 아이의 '감정'을 잘 읽어 주는 것이다. 그럼 나는 아이의 감정을 잘 읽어주는 부모인가? 감정을 잘 읽어주려면 아이의 감정을 어떻게 다루는 부모인지 아는 것이 중요하다. 부모의 유형에 따라 아이의 성향도 결정된다. 부모의 유형은 축소전환형, 억압형, 방임형, 감정코칭형으로 나타난다.

치료받고 장난감 사러가자, 축소전환형 부모

아이는 아파 주사를 맞아야 하는데 무서워서 안 맞으려고 발버둥을 치면 운다. 이런 상황에서 아이는 주사가 무서워 울음을 터뜨렸는데 엄마는 주사 잘 맞으면 장난감을 사준다는 말로 아이의 기분을 달랜다. 이때 엄마는 무서워 우는 아이의 감정을 이해하고 받아주기보다 아이의 울음을 빨리 그치게 하려고 한다. 콩순이 장난감을 사려가자는 말로 관심을 빨리 다른 곳으로 돌리려고 한다.

"싫어. 안 할 거야."

"우리 아기 착하지, 아프지 않을 거야 울지 마!"

"주사 맞고 콩순이 사러 가자."

이 유형의 부모는 아이의 부정적적인 감정을 인정하지 않는다. 아이가 느끼는 감정에 대해 좋고 나쁨을 구분 짓는다. 아이가 느끼는 감정을 중요하게 생각하지 않는다. 그래서 아이는 자신의 감정을 있는 그대로 표현하지 못하고, 좋아하지 않는 일에도 좋은 척 자신의 감정을 숨기고 있다. 만약 아이가 이런 감정을 보인다면 부모는 축소전환형 가능성이 크다.

계속 울면 호랑이 와서 잡아가, 억압형 부모

이 유형의 부모는 부정적 감정에 대하여 왜곡된 생각을 하고 있다. 아이가 보이는 감정보다 행동에 민감하다. 아이가 나쁜 행동을 보이면 성격이 나빠질 것을 염려하여 버릇을 고친다는 이유로 매를 들기도 한다. 또한 아이는 자라면서 지나치게 자신의 감정을 억압받는다. 따라서 공격적이고 반항적이며 충동적인 성향을 보이게 된다.

아이가 혼자 화장실 가는 것이 무섭다고 하면 '뭐가 무섭다고 난리야?' 라며 오히려 아이의 감정을 읽어주기보다 야단친다.

"뭐가 무섭니, 괜찮아 갔다 와. 너 계속 울면, 호랑이 와서 잡아가라고 한다."

라며 오히려 겁을 준다.

괜찮아 다 그러면서 커, 방임형 부모

이 유형의 부모는 아이의 모든 감정을 중요하게 생각한다. 아이가 잘못한 행동을 해도 다 받아준다. 하지만 이에 대한 행동을 올바르게 알려주거나 대안을 찾아주지는 않는다. 그 때문에 아이는 자라면서 자신이 느끼는 다양한 감정을 어떻게 표현해야 할지 몰라 불안해한다. 자기 마음대로 자랐기 때문에 사회성이 부족하며 자기중심적이다. 또한 자신의 감정표현은 잘하지만 다른 사람에 대한 이해나 배려심이 없다.

같이 찾아보자, 감정 코치형 부모

감정코칭형 부모는 아이가 표현하는 모든 감정을 이해하고 수용해준다. 부모가 자신의 감정을 경청하고 수용해주니 항상 자신감이 차 있다.

어느 날 아이가 학교에서 돌아와 씩씩거리며 방문을 쾅 닫고 들어가 버리면, 보통 부모라면 "너 그게 무슨 행동이야?" 라고 꾸중을 하기 쉽다. 그러나 아이의 행동을 탓하기 전에 아이의 감정을 먼저 읽어줘야 한다.

감정코칭형 부모라면 아이의 감정 상태부터 인식한다. 그리고 천천히 대화를 이끌어 나간다.

"우리 딸 화가 많이 났나 보다."

"네."

"왜? 학교에서 무슨 일 있었어?"

"친구들이 나만 미워해요."

"왜 그렇게 생각해?"

"공기놀이에서 내가 이겼는데 친구들이 내 말은 안 듣고 아니라고 했어요".

"억울했겠다."

"네."

"그래서 속상했구나."

"네. 화나고 속상했어요."

만약 아이가 친구들한테 미움을 받는다고 생각하고 학교에 가지 않겠다고 말썽을 피운다면 대화를 통해 행동을 바로잡아 줘야 한다.

'다른 방법은 없을까? 생각해 봐, 학교에 안 가면 네가 좋아하는 친구들은 어떻게 만나지?'라고 묻고 아이의 대답을 들어본다.

아이를 잘 키우기 위해서는 아이의 감정을 제대로 읽는 것에서 시작한다. 아이의 행동은 '감정'에서 나온다. 하지만 대부분의 부모는 아이의 감정은 이해하지 않는다. 겉으로 드러나는 행동만으로 아이를 판단한다.

나는 축소전환형과 억압형 두 가지 유형을 가지고 아이들을 키웠던 것 같다. 아이들이 아파서 병원을 가게 되거나, 말을 안 들었을 때 뇌물과 협박을 했었다. 아이들이 주사가 무서워 안 맞으려고 우는 감정보다 아이들이 울어서 불편한 내 감정이 더 중요했다. 그래서 아이들이 느끼는 부정적인 감정을 인정하지 않고 무시하고 억압하였다. 이러한 나의 양육은 아이들이 자라면서 심한 갈등을 겪었다.

부모는 자신의 부모에게서 배운 테두리 안에서 벗어나지 못하고 아이를 가르친다. 아이들은 자라면서 부모의 말과 행동을 보고 배운다. 그 때문에 부모의 교육이 아이의 인격 형성에 많은 영향을 받고 있다. 따라서 아이를 잘 가르치고 아이와 잘 지내고 싶다면 먼저 자신이 어떤 유형의 부모인지 아는 것이 중요하다.

내 아이의 감정주머니

우리는 하루에도 수없이 다양한 감정을 만나고 있다. 그런데 자신의 감정을 어떻게 표현하고 조절해야 하는지 아는 사람은 드물다. 대부분의 사람은 자신이 느끼고 있는 감정을 말로 표현하지 못 하고 부인하거나 회피하려고 한다.

요즘에는 예전과 달리 자신의 감정을 솔직히 표현하는 사람들이 많다. 자신의 감정을 숨기지 않고 있는 그대로 표현하는 사람을 건강한 사람이라고 한다. 물론 감정을 표현하는 일은 중요하다. 하지만 문제는 적당히 화를 내고 싶은데 지나치게 화를 내거나 반대로 아예 표현을 못하는 경우가 많다.

아이는 성장하면서 자기감정을 만들고 감정처리를 어떻게 하는지 부모를 보고 배운다. 부모가 감정조절에 실패하고 아이에게 쉽게 화를 낸다면 아이 역시 부정적인 감정을 부모로부터 보고 배운 대로 해결하려 할 것이다. 사람에게는 누구나 감정 주머니가 있다. 우리는 살아가면서 부정적인 감정을 주머니에

꾹꾹 눌러 담아 두고 산다. 그러다 이 감정은 어떤 사건으로 인해 폭탄처럼 터져 나와 상대방을 공격하기도 한다.

부모는 아이에게 심하게 화를 내고 나중에 후회하며 죄책감에 시달린다. 부부싸움을 하면서 서로 폭언을 하고 나서 후회를 하는 것 역시 적당히 자기감정 조절을 못 해서 이다. 주위를 살펴보면 유난히 감정조절이 잘 안 되는 사람들도 있다. 이런 사람들을 보면 과거에 마음의 상처가 있는 경우가 많다.

이처럼 감정조절을 못 하는 사람들의 특징은 억압과 폭발을 반복한다. 화가 나도 자신의 감정을 숨기며 '아니라고' 하면 감정을 표현하지 못하고 억압한다. 몸에서는 감정을 느끼라는 신호를 보내지만, 그 신호를 무시한다. 그러다 결국 상대에 상관없이 갑자기 폭발하고 만다. 반면 감정조절을 잘하는 사람은 자신이 어떤 감정을 느끼고 있는지 잘 알고 있다.

예를 들어 배우자 때문에 화가 날 때, 그 화가 무엇 때문에 일어났는지 사실을 인지하고 있다. 때문에 감정이 격해져 있을 때는 행동하지 않는다. 누구나 격한 감정을 느낄 때가 있다. 하지만 감정이 가라앉기를 기다리는 사람이 있지만, 모든 사람이 알게끔 행동하는 사람이 있다는 차이가 있다.

어린이집을 운영할 때의 일이다. 굉장히 감정 기복이 심한 아이가 있었다. 담임선생님이 그 아이를 지도하면서 몹시 힘들어했다. 아이는 친구들을 때리고, 물건을 던지며 심지어 말리는 선생님을 때리기까지 했었다. 아이의 기분은 시시각각으로 변했다. 심각하게 말해서 자기 마음대로 하는 아이였다. 아이를 보면서 우리는 분명히 부모한테 문제가 있을 거로 생각했다. 그런데 등하원 할 때 아이 엄마를 보면 아이와 사이가 굉장히 좋아 보였다. 어느 날 아침에 문제가 생겼다. 친구와 놀다 자기 마음대로 안 되니까 친구를 때렸다.

"친구를 때리는 건 안 돼요." 라고 선생님이 주의를 줬다.

"내가 안 때렸어요." 라고 아이는 거짓말을 했다.

"그럼 누가 그랬지?" 라며 말하면 아이를 바라봤다.

"몰라." 아이는 그렇게 소리치면서 책을 집어 던지며 울었다.

오후가 되자 아이는 기분이 좋아졌다. 기분이 좋아지면 아이는 친구들한테 친절해진다. 누가 시키지 않아도 친구들이 가지고 놀았던 장난감을 정리했다. 그 모습을 보고 선생님이 칭찬했다. 아이는 기분이 좋아 더 열심히 친구를 도와주려 했다. 하지만 친구가 도와주는 것을 귀찮아하자 문제는 거기서 또 일어났다.

"내가 가지고 놀다가 정리할 거야. 가지고 가지 마." 라고 친구가 말했다.

"내가 정리해줄게." 라며 아이는 친구의 말은 듣지 않고 정리 해준다며 장난감을 가지고 갔다.

"하지 마! 가져가지 마." 라고 친구가 말했다.

"내가 정리해 준다니까." 라며 아이는 친구를 노려보면 소리쳤다.

아이의 감정은 하루에도 수없이 오르락내리락한다. 감정 기복이 심한 아이의 행동을 아이라서 그냥 두기에는 위험하다. 감정이 폭발하면 다른 사람은 물론 아이 자신부터 피해를 보기 때문이다.

이 일이 있고 우리는 엄마와 진지한 상담을 해야겠다고 생각했다. 그 후 담임선생님이 엄마를 만나 상담을 했다. 아이가 어린이집에서 하는 행동을 엄마한테 이야기했다. 그런데 이야기를 들은 엄마가 울기 시작했다. 자신도 아이가 그런 행동을 보일 때마다 주의를 주는데, 아이의 행동이 변하지 않아 걱정이라고 했다. 그러면서 사실은 아이의 저런 행동은 아빠가 자기한테 하는 것을 보고 따라 한다고 했다. 아이 아빠한테도 얘기했지만, 기분이 좋을 때는 고치겠다고 하지만 기분이 안 좋으면 똑같은 행동을 반복적으로 한다고 한다.

아이가 감정 기복이 심하다면 부모를 살펴볼 필요가 있다. 모든 게 부모 탓은 아니지만, 부모도 사람이라서 감정조절이 안 될 때도 많기 때문이다. 아이를 키우다 보면 기질적으로 순한 아이를 만날 수도 있고, 예민하고 까칠한 아이를 만날 수도 있다. 이거 또한 부모 마음대로 안 된다. 그런데 순한 아이를 만나게 되면 아이도 부모도 육아가 참 편하겠지만, 기질적으로 예민하고 까칠한 아이를 만나게 되면 아이 위주의 육아를 하게 된다. 그러다 보면 부모 뜻하는 대로 되지 않는 경우가 많다. 이렇게 되면 엄마의 감정 기복이 더 커지게 된다.

엄마가 육아에 힘들다 보면 아이가 때로는 예쁘기도 하고, 미울 때도 가끔 있다. 이러한 미운 감정이 생기게 되면 엄마의 감정은 힘들어진다. 부모의 이러한 이중적인 모습을 자주 보는 아이는 혼란스럽다. 아이 또한 엄마의 감정 기복으로 인해 스트레스를 받아 감정 기복이 심해지게 된다.

아이의 스트레스는 불안이나 문제행동으로 이어져 때로는 욕으로 표현하는 경우도 있다. 아이를 위해 가장 먼저 해야 할 것은 엄마가 자신의 감정을 어떻게 대처방법이다. 그러기 위해서는 부모가 자기감정을 잘 다스리는 것을 아이가 보고 배움으로써 가능하다.

정서가 잘 발달한 사람은 감정조절을 잘할 수 있다. 자신이 느끼고 있는 감정을 잘 알아차리기 때문이다. 감정의 주머니가 넘치지 않도록 자유롭게 조절을 잘 한다. 아이들은 감정을 통해 세상을 알아간다. 감정발달은 후천적이다. 아이의 감정을 읽고 공감하려면 먼저 부모자신의 감정부터 알아차려야 한다. 감정을 알아차려야 한다는 것이 표현하라는 것은 아니다. 다만 자신의 내면에 있는 감정이 어떤 것인지 인식하면 된다. 감정을 코칭 한다는 것 역시 아이의 감정을 알아차리는 것에서 시작된다.

아이가 참지 못하고 화를 잘 내며 마음대로 하려고 하는 이유는 바로 아이의

'감정 주머니'에 있다. 천성적으로 감정 주머니가 풍부한 아이가 있는 반면에, 감정 주머니가 빈약한 아이도 있다. '감정주머니'가 빈약한 아이는 공격적이며, 잘 참지 못하는 아이로 보일 수도 있다. 감정 주머니가 빈약한 이유는 기질 탓일 수도 있고, 환경 때문일 수도 있다. 하지만 아이의 '감정 주머니'가 빈약한 이유는 아이의 기질적 성향보다 부모의 교육적 성향으로부터 영향을 많이 받는다.

우리는 '감정 주머니'를 키우기 위해서 감정과 친해지는 연습이 필요하다. 그럼 어떻게 하면 감정과 친해질 수 있을까? 아이들에게 기다려야 하는 것을 가르쳐야 한다. 기다려야 할 것은 기다리고, 안 되는 것은 안 된다고 해야 한다. 기다려야 하는 상황에 아이는 못 기다리고 안달을 하는 경우가 있다. 이럴 때 부모는 아이를 너무 강압적으로 무섭게 대하면 안 된다. 그러면 아이의 감정 주머니는 더 자라지 못하고 작아져 버리게 된다.

지피지기면 백전백승!
뇌 정복 프로젝트

사람은 이성을 잃거나 감정에 치우치면 제대로 된 판단을 하지 못한다. 그 이유는 뇌에 있다. 사람의 뇌는 단순하게 3가지로 나눌 수 있다.

지하 뇌간-생존의 뇌(파충류) 호흡, 혈압조절, 체온조절, 맥박조절
1층 변연계-감정의 뇌(포유류) 감정, 성욕, 식욕, 느낌
2층 대뇌피질-이성의 뇌(영장류) 기획, 조직, 우선순위, 신중한 판단, 결과 예측, 충동, 감정 조절

우리의 뇌는 위기상황이 되면 뇌간이 주도권을 잡는다. 맥박과 호흡을 빨리 뛰게 한다. 이러한 현상은 생존을 위해 싸우거나 도망가기 위해서다. 싸울 때 보면 흥분한 사람은 공격적이거나 도망가려고 한다. 이러한 현상은 이성의 뇌가 멈추고 생존의 뇌가 작동하기 때문이다.

누군가를 설득하려면 영장류의 뇌에 말을 걸어야 한다. 누구나 이성을 잃게 되면 영장류에서 포유류로 이동하여 파충류의 뇌로 퇴행하여 방어적으로 변하게 된다. 그러므로 이성의 뇌로 돌아올 때까지 기다려줘야 한다.

3가지 인간의 뇌의 기능과 역할을 고려해 본다면 누군가를 설득해야 하는 상황에서 적어도 2개의 뇌를 자극해야 한다는 것을 알 수 있다.

첫째는 상대를 설득하기 위해서는 감정 기능을 가지고 있는 '포유류의 뇌'를 자극해야 한다.

둘째는 인간의 뇌를 자극해야 한다. 즉, 논리적이고, 보편타당한 정보를 가지고 있어야만 상대방을 쉽게 설득할 수 있다.

아이들이 장난감을 서로 가지겠다고 한다.

"왜 울어?"

"누나가 콩순이를 안 줘요."

'콩순이'는 딸이 좋아하는 인형이다. 하루에 몇 번씩 업어주곤 한다. 그런데 아들이 갑자기 그 콩순이를 가지고 논다고 한다. 딸은 '콩순이'를 꼭 안고 안주겠다고 했다. 장난감이 이렇게 많은데 왜 꼭 그 '콩순이'를 가지려고 하는지 우는 아들을 보니 참 이해가 안 됐다. 딸은 워낙 순해 말을 잘 듣는 편이라 딸에게 양보하라고 했다.

"동생이 먼저 가지고 놀게 해줘."

"싫어요."

"왜, 동생이 울잖아. 넌 누나니까 동생한테 양보해."

"싫어요."

"내가 가지고 놀 거야."라며 아들은 더 큰소리를 치면 울었다.

동생이 우는 모습을 본 딸은 콩순이를 바닥에 집어 던져버렸다.

"너 콩순이는 왜 던지니? 물건 집어 던지는 거 나쁜 행동이라고 했지?" 라며 딸은 혼내고 말았다.

전두엽이 아직 발달하지 않은 딸은 이 상황을 받아들이기가 어려웠을 것이다. 속상한 자신의 감정은 무시당하고 오히려 양보하라고 혼이나니 억울했을 것이다. 결국 딸의 마음속에는 '엄마 미워.' '동생 미워.'와 같은 분노의 감정이 들었을 것이다. 아이를 키우다 보면 엄마의 의도와 다르게 아이를 혼내는 경우가 간혹 있다. 나 역시 아이가 왜 콩순이를 집어던지는 그 순간 아이의 감정을 먼저 읽기보다 행동을 보고 화가 났었다.

이럴 때 아이는 부정적인 감정으로 이성의 뇌가 작동하지 않는다. 이런 경우 엄마는 아이의 감정의 뇌(변연계)로 접근해야 한다. 아이가 보내는 부정적인 감정을 엄마는 부드러운 모습으로 받아줄 때 아이는 마음을 열고 전두엽을 가동하여 엄마의 말을 이해하려고 한다.

"화가 많이 났구나?"

"그래서 콩순이를 집어던졌구나."

"화가 났을 때는 어떻게 하면 좋을까?"

"콩순이를 던지는 것 말고 다른 방법은 없을까?"

"함께 한번 생각해보자."

아이가 화가 나서 물건을 던졌을 때, 부모는 행동을 보고 다그치기보다 먼저 왜 화가 났는지 마음을 읽어 줘야 한다. 아이 스스로 자신이 화가 났을 때 부정적인 감정을 표현하는 방법을 찾을 수 있도록 도와준다. '하지만 아무리 화가 나도 물건을 던지면 안 된다.'라는 것을 잘못된 행동에 대해서는 통제를 해주어야 한다.

아들의 방은 항상 지저분하다. 치워줘도 하루만 지나면 또다시 엉망이 되어 있다. 그런 아들을 보면 나는 매일 같이 언성을 높인다. 제발 좀 치우라고. 하지만 아들은 들은 척도 안 한다. 오히려 제발 좀 간섭하지 말라고 한다.

"방 꼬락서니가 이게 뭐니? 도대체 정신이 있는 거니? 제발 좀 치워."

"좀 있다 치울게요."

"제발 좀 미루지 말고 지금 당장 해. 얘, 방이 쓰레기통이다. 어휴, 대체 무슨 정신으로 사니?"

"잔소리하려면 내 방에 오지 마세요."

"잔소리 안 하게 잘해봐."

"제발 좀 그만 하세요"

"왜 네가 성질을 부려? 지금 태도가 뭐야? 다 너 잘되라고 하는 소리니 새겨들어."

매일 아침 아들과 전쟁을 한다. 도대체 깨워도 일어나지를 않는다. 아마 한 시간 이상은 깨운다. 정작 늦게 일어나서는 짜증을 낸다. 일찍 안 깨웠다고 정말 기가 찬다. 그리고는 밥도 안 먹고 가버린다. 아들이 사춘기를 보내는 동안 아침마다 나는 화가 머리끝까지 올라와 폭발할 것 같았다.

"일어나."

"어서 일어나 씻어."

"빨리 일어나 씻어."

"야! 빨리 일어나."

"너 이러다 또 지각한다."

"알았어요."

"좀 일어나라고."

"아, 좀 알았다고요"

"아휴! 못 살겠다! 정말 하루 이틀도 아니고."

"빨리 씻어 지각하겠다."

"밥은 조금이라도 먹고 가."

나는 사춘기 아들을 키우면서 아들이 하는 행동에 대해 이해를 못 했다. 아니, 정확하게 말하자면 이유 없는 반항과 짜증이 이해가 되지 않았다. 그런데 그 이유가 청소년기의 뇌에 문제가 있다는 것을 나중에 알게 되었다.

사춘기가 되며 전두엽이 대대적인 공사에 들어간다고 한다. 사춘기에 접어든 아이들이 이해할 수 없는 행동을 하는 이유도 뇌가 공사 중이기 때문에 나타나는 현상이라고 했다. 집이 공사를 하면 어수선하듯이 아이의 뇌도 지금 공사 중이라 당연히 어수선하여 이성적인 판단이 어렵다. 지금 사춘기 아이들의 알 수 없는 행동이 이해가 되지 않는다면, 내 아이의 뇌를 알게 되면 아이가 하는 알 수 없는 행동들도 이해할 수 있을 것이다.

부모가 행복해야 아이도 행복하다

행복한 아이를 키우려면 부모부터 행복해야 한다. 가정의 중심은 부부다. 좋은 부모가 되고 행복하려면 건강한 부부관계가 돼야 한다. 행복한 부모는 자신이 먼저 행복할 때 가능하다. 행복한 부모를 바라보는 아이 또한 그 모습을 닮으려 노력하게 된다. 부모의 행복이 곧 아이의 행복이기 때문이다.

결혼하고 아이가 태어나면 부부 중심에서 아이 중심으로 생활이 바뀌면서 서로에 대한 불만이 쌓이게 된다. 그 이유는 대부분이 아이의 탄생으로 인한 육아 문제 때문이다. 아이를 키운다는 게 말처럼 쉽지는 않다. 아내는 태어나서 처음 해보는 육아이기 때문에 모든 것이 생소하고 힘들다. 아이가 보채면 어디가 아픈가 걱정이 되고, 집안일은 산더미처럼 쌓여 있고, 최고 힘든 일은 수면 부족이다.

이러한 일들로 많은 스트레스를 받게 되면, 자연히 그 불만이 남편한테 짜증으로 표현될 것이다. 남편 역시 직장에서 바쁘게 일하고 집에 돌아와도 아내는 관심보다 안 도와준다고 짜증을 내게 되면, 부부 사이는 더 멀어진다. 이러한 이유로 부부 사이에 갈등이 생기게 되면, 그 피해는 말 못하는 아이가 받게 된다. 지속해서 이런 환경에서 자란 아이는 나중에 정신적으로나 사회적으로 문제를 일으키기 쉽다.

어린 시절 부모가 매일같이 싸우게 되면 아이는 늘 불안해하며 이로 인해 많은 스트레스를 받게 된다. 싸우면 갈등을 겪는 부모도 힘들겠지만, 옆에서 이 과정을 지켜보는 아이는 행복하게 자랄 수 없다. 집안 분위기가 좋으면 아이들은 정서적으로 안정감을 느끼게 된다. 따라서 부모는 아이에게 잘하려고 노력하지 말고 부부관계를 개선하려고 노력 하여야 한다. 그래야 아이는 정서적으로 행복하게 자랄 수 있다.

자녀의 건강한 삶을 위해 부모는 서로 존중하며 살아가는 모습을 보여야 한다. 부부 사이라고 해서 항상 좋을 수만은 없다. 부부가 갈등으로 인해 어쩔 수 없이 싸움하더라도, 아이에게 일부러 숨기지 말고 솔직하게 얘기하는 것이 좋다. 사람 사는 세상에서 갈등이 없을 수는 없다. 갈등을 피하려고만 할 게 아니라 그것을 풀어나가는 법을 배워야 한다. 부모가 슬기롭게 갈등을 풀어나가는 모습은 아이에게도 좋은 공부이다. 더욱 중요한 것은 부부싸움의 원인이 아이 때문이 아니라는 것을 확실하게 이해시키는 것이 필요하다.

사이가 좋은 부부들도 살면서 서로의 의견이 다를 경우 싸우기도 한다. 나역시 살면서 아이 교육 문제, 부부 문제, 시집 문제, 친정 문제로 다투기도 했었다. 간혹 살면서 한 번도 싸우지 않았다는 부부도 있다는데, 솔직히 그 말이 사실인지 공감이 가지는 않는다. 어떤 부부는 아이 앞에서 안 싸운 척한다고 한다. 그런다고 해도 아이는 부모들의 행동에서 이상함을 느끼고 불안해한다. 중요한 것은 부부싸움을 하더라도 싸운 다음이 문제다. 어떻게 해결을 해야 하는지 화해하는 방법이 중요하다.

어떤 부부들은 서로 갈등하며 싸우고 사는 것보다 이혼을 선택하기도 한다. 아이들은 부모가 이혼하게 되면 그 원인이 자신으로 인한 것으로 오해하여 죄책감에 느끼기도 한다. 그로 인해 아이는 불안감을 느끼며 무기력에 빠지기 쉽다. 때로는 자신이 아무것도 할 수 없다고 생각해서 자신을 비하하기도 한다.

부모의 이혼이 아이에게는 큰 충격이다. 부모의 사망보다 더 치명적이기도 하다. 부모의 이혼으로 벼랑 끝에 선 아이들은 거리를 배회하면 방황을 하며 비행을 저지르기도 한다. 많은 부모가 불행한 결혼생활을 지속하면서도 '아이 때문에'라는 이유로 이혼을 피하고 참는 경우가 많다. 하지만 그런 부모의 결혼 생활은 아이에게 오히려 더욱 큰 상처가 될 수 있다. 그저 아이들 때문에 부부생활을 유지하는 것은 바람직하지 않다.

부모가 이혼했다고 모든 아이가 다 불행한 것은 아니다. 이혼 후에도 부모가 각자의 삶을 존중하고 배려하는 모습을 보여준다면 좋은 본보기가 될 수 있다. 또, 양육권이 없는 부모에게 아이를 꾸준히 만나도록 해주는 것도 아이의 올바른 성장에 많은 도움이 된다.

부모의 행복한 모습을 보고 자란 아이는 그 행복한 모습을 보고 배운다고 한다. 특별히 감정코칭을 하지 않아도 부모가 서로 사랑하는 모습을 보일 때 아이는 그 모습을 보고 행복감을 느끼며 잘 자랄 수 있다. 부모가 서로를 비난하기보다는 서로의 삶을 축복하고 행복한 모습을 보이는 것이 아이에게도 더욱 건강하고 긍정적인 영향을 미친다. 부부갈등을 겪고 있다면 감정코칭을 통해 충분히 개선될 수 있다. 처음부터 관계개선이 쉽지는 않겠지만 몇 번의 감정코칭을 통해 분명히 좋아질 수 있다. 서로의 감정을 읽어주고 서로 갈등하고 있는 문제를 인식하게 되면서부터 좋아진 관계는 오래 지속한다.

아이가 행복해지기를 바란다면 부모는 항상 아이의 말을 경청하고 공감해 줘야 한다. 유대인들이 아이에게 가장 많이 하는 말은 '너희 생각이 어떠니?'라고 한다. 내 아이가 행복하길 원한다면 아이의 생각을 존중하고 아이 스스로 문제를 해결할 수 있도록 도와주는 것이 좋은 부모라고 생각한다.

제4장
감정코칭 이렇게 시작했다

내 아이의 사춘기

아침을 깨우는 알람 소리가 요란스럽게 울렸다. 창밖에는 아직 날이 밝지 않아 어두컴컴하다. 아이들을 깨우기 위해 먼저 딸이 자는 방으로 갔다. 방문을 여니 딸아이 방에서도 알람이 시끄럽게 울어대고 있었다. 딸은 알람도 안 끄고 이불을 머리끝까지 뒤집어쓰고 자고 있다. 알람을 끄고 깨웠다.

"일어나."라고 말을 하자 딸이 눈을 떴다.

"어서 일어나 씻어."라고 말을 하면 방을 나왔다.

딸을 깨우고, 아들 방으로 가 방문을 열었다. 밤새 안자고 뭘 했는지 방안이 온통 어지럽혀져 있다. 울화통이 올라왔다. 꾹 참고 아들을 깨웠다.

"빨리 일어나 씻어."라며 말을 하자 아들은 일어나지 않고 오히려 짜증을 냈다. 아침부터 화가 났지만 참고 방을 나왔다. 주방에서 아침 준비를 하면서도 신경은 온통 아들 방에 가 있다. 매일 아침 아들을 깨우는 건 나로서는 여간 힘든 일이 아니다. 잠시 후 딸이 씻고 나왔다. 동생이 일어났는지 물었다. 딸은 아들 방문을 열고 일어나라고 말하고는 방으로 들어갔다. 나는 아침을 차리면서 아들이 씻으러 나오는지를 살피고 있었다. 잠시 후 딸은 학교 갈 준비를 다 하고 나와 식탁에 앉아 밥을 먹었다. 그때까지 아들은 일어나지 않았다. 화가 머리끝까지 올라와 아들 방으로 쫓아갔다.

"야! 빨리 일어나. 너 이러다 또 지각한다."라며 자는 아들을 흔들어 깨웠다.

"알았어요."라며 아들은 짜증 섞인 목소리로 말하고는 다시 이불을 뒤집어썼다.

"좀 일어나라고." 라며 나는 이불을 잡아채면서 더 큰 소리로 말했다.

"아, 좀 알았다고요." 라며 아들은 더 짜증 섞인 목소리로 말을 하면 돌아누워 버렸다. 나는 방을 나오면서 쏘아댔다.

"아휴, 못 살겠다! 정말. 하루 이틀도 아니고." 라며 방을 나왔다.

속이 부글부글했다. 주방으로 가서 냉수를 한 컵 들이켰다. 시계를 보니 여덟 시가 다 되어가고 있다. '어휴, 오늘 또 밥도 못 먹고 가겠네!' 라고 혼잣말로 중얼거렸다.

한참 지났는데 아들은 씻으러 나올 기미도 안 보인다. 이제는 정말 참다못해 화가 폭발할 것 같았다. 빠른 걸음으로 아들 방으로 향했다. 그때 아들이 방에서 나왔다. 아들을 보면 퉁명스럽게 말했다.

"빨리 씻어. 지각하겠다."라며 아들을 다그쳤다.

"밥은 조금이라도 먹고 가." 라고 말했지만, 아들은 대꾸도 안 하고 욕실로 들어가버렸다.

식탁에 차려놓은 찌개는 이미 식어서 차갑다. 아들이 씻는 동안 다시 데웠다. 아들의 이런 태도가 정말 마음에 안 든다. 그래도 조금이라도 먹이고 싶은 게 엄마 마음 이다. 잠심 후 아들은 대충 씻고 나왔다. 그리고 늦다고 밥도 안 먹고 휙 가버렸다. 매일 아침 나는 아들과 잠 때문에 실랑이한다. 부글부글 내

속이 새까맣게 탄다. 밥도 안 먹고 가버리니 영 마음이 편치가 않다. 아들이 가고 나서 청소를 시작했다. 청소기를 이 방 저 방으로 밀고 다니다 아들 방으로 갔다. 방이 지저분하다. 이 나이에 자기 방 정리를 안 하는 것도 이해가 안 간다. 왜 이렇게 널어놨는지 도무지 알 수가 없다. 청소하라고 하면 알았다고 대답만 하고는 안 한다. 계속해서 말을 하게 되면 어김없이 짜증을 낸다. 알아서 한다고, 그런데 말만 그렇게 하지 알아서 안 하는 것이 문제다. 이런 일이 잦다 보니 사이가 안 좋아질 수밖에 없다.

아들은 지금 사춘기를 심하게 앓고 있다. 아들은 어린 시절 싹싹하고 마음이 따뜻한 아이였다. 어느 날 나는 감기가 심하게 들었다. 몸을 가눌 수 없을 정도로 많이 아팠다. 아침에 겨우 일어나 아들을 유치원에 보내고 다시 누워 있었다. 오후에 유치원 차량이 도착할 시간이 다 되어 가는데 일어날 수가 없었다. 선생님께 전화를 해서 사정 이야기를 하고 부탁을 했다. 차가 많이 다니는 길이라 위험하니 건널목을 건너가는 것을 봐 달라고 했다. 아들이 집에 도착한 것을 확인하고 잠이 들었다. 잠결에 갑자기 차가운 느낌이 들어 눈을 떴다. 아들이 차가운 물수건을 만들어 내 머리에 얹혀주며 걱정스러운 눈빛으로 바로보고 있었다.

"엄마 괜찮아요?"라며 나를 내려다보았다.

"응, 괜찮아."라고 아들을 바라보며 말했다.

"엄마, 이거 먹으면 안 아프데요."라고 말하면 이불속에서 뭔가를 꺼내줬다. 쌍화탕이었었다. 아들은 엄마가 많이 아픈 걸 보고 약국에 가서 쌍화탕을 사왔다. 혹여 식을까 봐 이불속에 넣어뒀다 꺼내주었다. 아들의 생각이 기특했다.

아들은 초등학교 저학년 때까지는 말을 참 잘 듣는 아이였다. 그런 아들이 고학년에 접어들면서부터 서서히 반항하기 시작했다. 중학교에 들어가면서부터 아들의 사춘기가 본격적으로 시작되었다. 학교에서 돌아온 아들은 방에서 나오지 않는다. 뭘 물어봐도 대답도 잘 안 한다. 어쩌다 대답을 해도 마지못해서 한다. 도대체 무슨 생각을 하는지 알 수가 없다. 쳐다보면 가슴이 답답하다. 학교에서 돌아오면 가방을 던져 놓고 잔다. 뭐가 그리 피곤한지 매일 피곤하다고 한다. 그렇다고 밤늦게까지 공부를 열심히 하는 것도 아닌 것 같다.

아들은 초등학교까지는 공부도 꽤 잘하는 편이었다. 그런데 중학교에 들어가서부터는 공부에는 관심이 별로 없다. 성적은 점점 떨어지고 있다. 걱정되어 어느 날 아들을 불러 이야기를 했다. 고등학교에 진학하려면 성적관리를 해야 한다고 말했다. 아들은 상관없다고 했다. 기가 찼다. 정작 아들은 신경도 안 쓰고 있는데 나는 초조했다. 아는 엄마들한테 수소문을 해서 괜찮은 학원을 알아보았다. 학교에서 돌아온 아들을 붙잡고 괜찮은 학원이 있다고 가라고 했다. 안 간다고 한다. 화가 났지만, 꾹 참고 겨우 설득을 해서 보냈다.

그렇게 아들을 학원을 보내고 나는 안심하고 있었다. 한 치의 의심도 없이 열심히 잘 다니고 있다고 생각했다. 학원을 간지 한 달쯤 지나 어느 날 오후였다. 핸드폰 벨이 울렸다. 학원에서 온 전화였다.

"어머니, 안녕하세요?"라며 선생님이 인사를 했다.

"혹시, 집안에 무슨 일 있으세요?"라고 선생님이 물었다.

"아뇨, 왜 그러세요?"라고 되물으면서 이상한 기류를 느꼈다. 선생님 말씀인즉, 아들은 그동안 학원을 많이 빠졌다고 했다. 왔다가 중간에 아프다고 간 날도 있고, 집에 일이 있어 못 온다고 한 날도 있다고 한다. 그런데 이번에는 아무 연락도 없이 일주일을 안 와서 연락했다고 한다. 나는 기가 막혔다. 오늘도 아들은 학원 간다고 밥을 먹고 갔다. 그런데 학원에서는 안 왔다고 연락이 왔다. 지금 이 상황을 어떻게 이해해야 할지 말문이 막혔다. 그리고 아들이 학원을 이렇게 많이 빠졌는데 학생 관리를 제대로 못 하는 학원 시스템이 문제라고 생각하고 불만스러운 얘기를 하고 전화를 끊었다.

도대체 아들은 그동안 학원을 안 가고 어디서 무엇을 했을까? 생각을 하니 갑자기 머리가 복잡해 졌다. 안 간다고 하는 애를 괜히 보냈나 싶은 생각도 들었다. 일단 아들한테 전화를 했다. 전화기가 꺼져 있다. 마음이 초조해진다. 잠시 후 다시 전화를 했다. 아들의 전화기는 아직도 꺼져있다. 마음이 심란하고 복잡했다. 아들하고 친한 친구한테 전화를 했다. 전화벨이 한참을 울려도 친구는 전화를 받지 않았다.

아무리 생각해봐도 지금 어디에 있는지 감이 안 왔다. 그냥 아들이 올 때까지 기다릴 수밖에 없었다. 거실에 걸려있는 시계를 보니 아홉 시 삼십 분 있었다. 한 시간만 있으면 학원을 마치고 오는 시간이다. 거실을 서성이며 마음속으로 제발 나쁜 일만 없기를 간절한 마음으로 빌었다.

열 시가 넘자 문을 열고 아들이 들어왔다. 평소와 다름없이 인사만 하고 자기 방으로 휙 들어가 버렸다. 뒤따라 들어갔다.

"너 지금 어디 있다 오는 거니?" 라고 물었다.

"학원, 왜요?" 아들은 아무 일도 모르고 천연덕스럽게 거짓말을 했다.

"뭐, 학원?" 나는 아들을 노려보며 말했다. 조금 전까지 걱정을 했는데, 내 마음과 다르게 말이 나왔다. 그리고 아들이 거짓말을 하고 있다고 생각하니 화가 났다.

"학원에서 전화 왔었어?" 라고 말하며 그동안 학원 안 간걸 다 아는데 왜 거짓말을 하느냐고 다그쳤다.

"대체 이 시간까지 어디서 뭘 하다 온 거니?"라면 또 쏘아 붙였다.

"피시방에 있다 왔어요."

아들의 표정에는 전혀 잘못했다는 생각을 하고 있지 않은 것 같아 보였다. 내가 생각한 것은 '죄송해요, 내일부터 열심히 다닐게요.' 를 생각했는데, 전혀 다른 반응에 더 화가 났다.

"야, 돈이 남아돌아서 학원 보낸 줄 아니?" 라고 말했다. 그 말을 듣자 아들이 흥분했다.

"그래서 내가 안 간다고 했잖아요! 언제 내가 보내 달라고 했어요?" 라고 소리치며 이불을 뒤집어쓰고 누워버렸다.

'아, 이 말을 하려고 한 건 아닌데.' 나도 모르게 튀어나와 버렸다. 더 이야기가 안 될 것 같아 방을 나왔다. 이렇게 하려고 했던 게 아니었는데……. 아들의 행동에 또 화를 내고 말았다. 사춘기가 되면서부터 아들의 성격은 많이 예민해졌다. 그런 아들이 솔직히 못마땅하고 마음에 안 들었다.

사춘기에는 포유류의 뇌가 활성화된다고 한다. 그래서 아이들이 감수성이 예민해져 공격성을 보이며 반항적으로 변한다고 한다. 이 시기에 아이들은 식욕과 성욕에 대한 욕구가 많아져 이성에 대한 관심을 보인다. 세로토닌이란 '행복 호르몬'은 전두엽이 활성화될 때 분비된다. 그런데 사춘기에는 전두엽이 공사 중이라 어른보다 40퍼센트 적게 분비된다. 그래서 사춘기 청소년들이 감정 기복이 심해 별것 아닌 일로 짜증을 내며, 집마다 아이의 잠 때문에 전쟁을 한다.

그동안 아들은 밥보다 잠이 왜 중요했는지, 방이 왜 그렇게 지저분했는지, 늘 피곤한 이유를 이해할 수 있었다. 사춘기가 되면 부모는 아이를 어떻게 대해야 할지 참 힘들다. 아이들은 이 시기를 어떻게 보내느냐에 따라 인생이 달라질 수 있다. 부모는 수시로 감정이 바뀌는 아이의 감정코칭이 어렵겠지만 아이의 감정을 살피고 올바른 방향으로 갈 수 있도록 이끌어 줘야 한다.

아들의 반항

오전 10시 전화벨이 요란스럽게 울렸다. 핸드폰에 찍혀 있는 번호가 아들 학교였다. 나는 깜짝 놀라 전화를 받았다.

"여보세요?"

"○○ 어머니." 아들 담임이었다.

"네, 선생님"이라고 대답을 했다.

"○○이가 지금 학교에 없습니다."라고 말했다.

"네? 아침에 학교에 갔습니다." 라고 말했다.

"네, 학교에는 왔는데 제 수업에 안 들어왔습니다. 담임 수업도 안 들어오는 애는 없는데 참 기가 찹니다."라고 말했다.

"아휴, 선생님 죄송합니다." 라고 미안함을 표현하였다.

"어머니, 제가 ○○한테 전화를 하니까. 안 받습니다."라고 말했다.

"네, 선생님 제가 지금 해 보겠습니다."라고 말하며 또 죄송하다고 말했다.

"뭐 어머님이 죄송해하실 건 없습니다. ㅇㅇ이가 마음을 못 잡아서 걱정이죠."라고 말했다.

"아휴, 감사합니다. 제가 지금 바로 연락해서 학교로 데리고 가겠습니다." 라며 전화를 끊었다.

아들은 오늘도 아침에 안 일어나고 속을 태웠다. 그래서 늦어서 학교에 데려다주고 왔다. 그런데 어디갔는지 담임선생님이 전화가 왔다. 아들한테 전화를 했다. 전화벨이 한참을 울리고서야 전화를 받았다.

"여보세요."라며 아들의 목소리가 들렸다.

"너 지금 어디니?"라며 화가 났지만 조용히 물었다.

"학교 앞 공원에 있어요." 라고 태연하게 대답했다.

"이 시간에 공원에서 뭐하고 있니?" 라고 물었다.

"친구 따라 치과 갔다가 아이스크림 먹고 있어요." 라고 말했다. 너무 황당해서 할 말이 없었다.

"담임선생님이 지금 전화 왔어. 너 수업 안 들어왔다고." 라며 지금 사태의 심각성을 알려 주었다.

"빨리 학교로 가."

"싫어요."

"왜?" 선생님이 걱정하시는데, 빨리 들어가."

"담임 수업 끝나면 들어 갈 거에요. 담임 수업 들어가기 싫어 나왔어요."

"일단 빨리 들어가. 엄마도 지금 갈게."

"오지 마세요. 뭐 하러 와요."

"그래, 알았으니까 얼른 들어가."

"알았어요."

전화를 끊고 학교로 가기 위해 준비를 했다. 아들이 오지 말라고 했지만, 담임선생님한테 간다고 했기 때문에 가봐야 했다. 대충 준비를 마치고 학교로 향했다. 가는 내내 생각을 했다. 아들이 왜 그렇게 담임을 싫어하는지 알 수가 없었다. 오후에 아들이 오면 구체적으로 왜 그렇게 싫은지 물어봐야겠다고 생각했다. 그렇게 여러 가지 복잡한 생각을 하는 동안 어느새 학교에 도착하였다. 주차하고 학교 안으로 들어갔다. 수업 시간이라 학교 안은 조용했다. 교무실로 조용히 발걸음을 옮겼다. 교무실 앞에서 노크를 하고 문을 조용히 열었다.

그런데 교무실 안에는 담임선생님이 보이지 않았다. 눈길이 마주친 선생님께 목례를 하고 담임선생님이 어디에 있는지 물어보았다. 담임선생님은 학년 연구실에 있다고 했다. 그 말을 듣고 3층에 있는 학년 연구실로 갔다. 학년 연구실 앞에서 노크를 했다. 안에서 '네.' 하고 대답 소리가 들렸다. 문을 조용히 열었다. 연구실 안에는 담임 선생님과 과학 선생님이 있었다. 안으로 들어가자 담임 선생님이 일어나 반갑게 맞아 주었다. 담임선생님은 의자를 가르치면 그쪽으로 앉으라고 했다.

의자에 앉자 담임선생님은 본격적으로 아들에 대해 이야기를 하기 시작했다. 아들은 학교에 오면 거의 엎드려 잔다고 했다. 머리가 좋아서 공부를 하면 잘 할 것 같은데 안 한다고 했다. 그리고 무엇보다 선생님이 야단을 치면 반항을 한다고 했다. 아이들이 보통은 다른 선생님 수업은 빠져도 담임 수업은 안 빠진다고 했다. 그런데 아들은 자신의 수업도 안 들어온다고 했다. 그래서 어떻게 지도를 해야 할지 모르겠다고 했다.

담임선생님의 이야기가 끝나자 옆에 있던 과학 선생님이 입을 열었다. 아들은 굉장히 의리가 있다고 했다. 무엇보다 자신의 잘못이 아닌데 혼을 내면 교실에서는 아무 말도 안 하고 듣고 있다가 수업이 끝나면 교무실로 와서 상황에 대해 이야기를 하는 아이라고 했다. 그리고 참 괜찮은 아이라고 덧붙였다.

그렇게 담임선생님과 이야기를 끝내고 학교를 나왔다. 집으로 돌아오는 길에 과학 선생님의' 참 괜찮은 아이'라는 말이 생각이 났다. 그나마 과학 선생님과는 사이가 괜찮은 것으로 보였다. 그런데 담임선생님과의 관계가 무엇 때문인지 알 수가 없었다.

어디서부터 잘못된 것일까?

오후가 되자 아들이 학교에서 돌아왔다.

"담임선생님이 왜 그렇게 싫은 거니?"라고 나는 아들한테 물었다.

"그냥 싫어요."라고 대답했다.

"그냥 싫은 게 어딨니? 이유가 있을 거 아니니."

아들의 얼굴을 바라보았다.

아들은 대답을 안 했다. 나는 궁금해서 다시 물었다.

"수업도 들어가기 싫을 만큼 싫은 이유가 대체 뭐니?"

"휴, 싫은데 무슨 이유가 있어요?"

나는 더 말하면 안 될 것 같아서 그만하려고 하는데 아들이 다시 말을 이었다.

"사실 확인도 안 하고 혼내는 게 싫어요."

"그래서 억울한 일이 있었니?"

"네, 많아요."

"그렇구나. 그렇다고 수업을 안 들어가는 거는 좀 아니지 않니?"

"그건 그렇죠, 하지만 들어가도 딱히 그래요."

"딱히 그런 건 무슨 뜻이니?"

아들은 말을 할 것 같으면서도 안 하고 망설였다.

"왜? 무슨 말이니?"

아들은 말을 하지 않았다. 나도 더 이상 물어보지 않았다.

그렇게 아들은 학기를 마쳤다. 학년이 올라가면서 담임선생님이 바뀌었다. 다행스럽게도 이번에 바뀐 담임선생님과는 너무 잘 지내고 있었다. 담임선생님과의 관계가 좋으니까 학교생활을 좀 더 잘하는 것으로 보였다. 수업 시간에 엎드려 자더라도 수업에 빠지는 일은 없었다. 그리고 학년을 마치는 동안 학교에서 더 이상 사고치는 일은 없었다.

질책하는 대화

우리는 아이를 키우면서 알게 모르게 언어적 폭력을 많이 한다. 그로 인해 아이는 상처를 받아 결국 마음을 닫아버린다. 이런 아이를 보고 부모는 별것 아닌 것으로 생각한다. 오히려 아이가 예민하게 군다고 핀잔을 주기도 한다.

아이가 이런 행동을 하는 데는 분명한 이유가 있다. 부모가 아무런 언어적 행동을 하지 않았는데도 아이가 괜히 화가 나 그런 행동을 하지는 않는다. 단지 그 이유를 부모가 모르는 것이 문제다. 어느 순간 아이가 부모를 멀리한다면, 왜 아이가 자신을 피하는지, 부모는 무엇이 문제인지, 자신을 한 번 돌아보는 시간을 가져야 한다. 아이의 마음에 상처를 주는 대화를 습관적으로 하고 있을지도 모른다.

대화의 종류에는 질책하는 대화, 멸시하는 대화, 무시하는 대화, 방어하는 대화, 마음을 닫는 대화 등이 있다. 그럼 나는 그동안 아이들과 어떤 대화를 해왔는가?

아들이 학교에서 돌아왔다. 방에 들어가자마자 가방을 아무 데나 휙 던졌다.

옷도 벗어 옷걸이에 걸지 않고 방바닥에 그대로 있다. 양말을 벗은 채 그대로 뒤집혀 있다. 그러고는 침대에 누워 있다. 그 꼴을 보고 좋은 말이 나올 수가 없다.

"야, 만날 이게 뭐니. 제대로 좀 정리하면 어디가 덧나니?"

아들을 째려봤다.

"좀 있다 치울게요."

아들의 시선은 핸드폰을 바라보고 있었다. 빨리 안 하고 딴 짓을 하는 아들을 보니 속이 부글부글 했다.

"제발 좀 미루지 말고 지금 당장 해! 방 꼬락서니가 이게 뭐니? 어휴, 대체 무슨 정신으로 사니?"라고 아들을 향해 계속 쏘아붙였다.

"제발 좀 그만 하세요"라며 아들은 침대에서 벌떡 일어났다. 양말을 들고 세탁실로 가버렸다. 나는 뒤따라가면서 한마디 더 했다.

"왜 성질을 부려? 너 지금 태도가 뭐야? 다 너 잘되라고 하는 소리니 새겨들어."

앞서 말했듯이 아들은 지금 사춘기다. 아들이 하는 말투와 행동이 마음에 들지 않는다. 때문에 당연히 나와의 관계는 좋지 않다. 그렇기에 좋은 대화가 오갈 수 없다. 위에서 보듯 평소 아들과 나의 대화다. 나는 항상 이렇게 대화를 하고 있었다.

이러다 보니 아들 또한 엄마에 대해 좋은 감정을 가질 수가 없었다. 학교만 갔다 오면 자기 방에서 아예 나오지를 않는다. 나와는 눈도 안 마주치려고 한다. 습관적으로 나한테 이런 말을 들으면서 자란 아들의 얼굴에는 항상 분노가 차 있었다. 그리고 공격적으로 변해갔다. 결국 내가 무심코 던지는 말들이 나와 아들의 관계를 망치는 결과를 가져왔다.

멸시하는 대화

아들과 달리 딸은 사춘기를 무난하게 보냈다. 성격 자체가 워낙 온순해서 부모를 속 썩이는 일은 거의 없었다. 학교에서나 집에서 무엇이든지 시키는 대로 잘하는 모범생이었다. 딸하고는 갈등을 겪은 적도 없다. 그래서 당연히 나와 사이가 좋은 줄 알았다. 그것은 나만의 착각이었다. 딸과의 대화는 항상 이런 식이었다. 학원을 가려고 딸이 나왔다. 날씨가 추운데 옷차림이 영 아니었다.

"그렇게 입고 가면 추워. 당장 바꿔 입어."

"네."

딸은 잠깐 머뭇거리다 방으로 들어갔다. 한참이 지났는데도 안 나와 방으로 가보았다. 딸은 아직도 안 갈아입고 있었다.

"뭐하니 안 갈아입고?"

"이거 말고 뭐 입어요?"라며 나를 바라보며 말했다. 갑자기 짜증이 났다. 도대체 나이가 몇 살인데 아직도 옷을 골라 줘야 하나 싶었다. 속이 답답했다.

"파란색 패딩으로 바꿔 입어. 넌 대체 지금 몇 살이니? 아직도 내가 골라줘야 하니? 할 줄 아는 건 뭐니? 바지도 바꿔 입으라고 했다. 색깔이 안 맞아. 바지는 이걸로 입어." 청바지를 딸에게 건넸다. 딸은 아무 소리도 안 하고 받아서 입었다. 가방을 메고 현관으로 나가는 딸을 뒤따라갔다. 운동화를 신으려다 말고 나를 쳐다봤다.

"이거 신어."

나는 눈짓으로 신발을 가르쳤다. 딸은 아무 말도 안고 신발을 신고 인사를 하고 갔다. 이렇게 엄마 말을 잘 듣는 착한 딸이었다. 아니 ,그렇게 생각했었다. 그런 딸에게 나는 거침없이 경멸과 비난을 했다. 딸은 그동안 내색을 안 하고 혼자 힘들어하고 있었다. 혼자 외롭게 견디면서 마음속 깊은 곳에 분노를 꼭꼭 숨겨 놓고 있었다. 표현을 안 하니 당연히 아무 일도 없는 것으로 생각했다. 아이 마다 성격과 표현하는 방법이 다르다. 아들은 나에 대한 불만을 반항으로 표현했다. 그리고 딸은 아무런 반응을 하지 않는 것으로 자기만의 방식으로 마음속 깊이 불만을 숨겨놓고 있었다.

내가 아이를 키우면서 제일 많이 한 말이 질책하기, 멸시하기, 방어하기, 무시하기였다. 이런 말조차도 다 너희를 위해서였다고 변명했다. 아들은 갈수록 거세게 반항을 하였고, 딸은 더욱더 꼭꼭 자신의 마음을 숨겼다. 아이들의 이런 반응이 서운했다. 그런 마음이 강할수록 아이들을 더 다그쳤다. 부모는 자식을 위해 모든 것을 희생하는데 아이들이 몰라주니 속상했다.

한번은 아들이 '다 너 잘되라고 했다.'라는 말 좀 하지 말라고 했다. 누가 그렇게 하라고 강요한 적 있냐고. 엄마 마음 편해지자고 해놓고 왜 인제 와서 우리를 위해 했다고 하냐고. 그렇다. 누가 강요하진 않았다. 그런데 어찌 부모자식 사이에 강요한다고 하고, 강요하지 안한다고 안 할 수 있겠나. 그렇게 하는 것이 부모의 의무라고 생각했다. 나의 이러한 행동이 아이들을 망치고 있는지 후에 알게 되었다.

마음을 닫는 대화

아이들이 사춘기가 되면서부터 점점 말수가 줄어들고 대화를 해보려고 해도 자기 방에서 나오지를 않는다. 부모들은 어떻게든 대화를 해 보려고 시도는 하지만 아이들의 마음을 쉽게 열 수가 없다. 이유는 아이한테 '네가 그랬지.'와 같은 마음을 닫는 대화를 하기 때문이다.

아들이 초등학교 시절에 있었던 일이다. 남편이 아끼는 카메라가 망가져 있었다. 나는 아들이 망가뜨렸다고 생각하고 아들을 불렀다. 평소에 아들이 자주 사고를 친 전적이 있기 때문에 당연히 라고 단정지었다.

"이거 네가 그랬지?"

"제가 안 그랬어요."

아들이 거짓말을 한다고 생각했다. 화를 내면서 다그쳤다.

"네가 아니면 그럼 누가 그랬니?"

"누나가 그랬어요!"

누나가 그랬다는 아들의 거짓말에 더 화가 났다.

"왜 자꾸 거짓말을 하니?"

그리고 딸한테 물었다.

"네가 망가뜨린 거니?"

딸은 주눅이 들어 아니라고 고개를 저었다.

"정말 네가 안 망가뜨렸어요."

아들은 억울한 표정을 지으며 울었다.

"시끄러워! 뭘 잘했다고 우니"라며 아들의 말을 무시해 버렸다.

나는 아들이 망가뜨린 것으로 단정지었다. 그리고 거짓말을 하며 자기의 잘못을 누나한테 책임 전가하는 것은 잘못된 행동이라고 나무랬다. 아들이 어느 정도 성장한 후 이 이야기를 꺼냈다. 자기가 한 것이 아니었다고, 너무 억울했다고 하였다. 그 이후 아무리 진실을 말해도 자기를 믿어주지 않는 부모에 대한 믿음이 깨졌다고 한다. 그리고 솔직하게 말하지 않은 누나가 미웠다고 했다. 이런 감정이 남아 있어 자라면서 누나도 자기편이 아니라는 생각에 사이가 안 좋았다고 했다.

나는 아이를 키우면서 '이거 해라' '저거 해라' 는 식의 명령을 많이 했다. 아이들은 처음에는 잘 듣는 것 같았지만, 사춘기가 되면서부터 서서히 왜 그래야 하느냐고 하면서 반항하기 시작했다. 아이들이 그런 반응을 보이면 '다 너 잘 되라고 하는 거니까 그냥 해.' 라면서 강요했다. 특히 말 잘 듣는 딸에게 어린 시절 이런 식의 대화를 더 많이 했었다.

아이들이 장난감을 가지고 서로 가지고 놀겠다고 다투었다.

"누나잖아. 네가 양보해." 라고 딸한테 말했다.

"너 먼저 해. 휴." 딸은 한숨을 쉬면 동생한테 양보했다.

잠시 후 방에서 아들 우는 소리가 들렸다.

"왜 우니?" 하며 방으로 들어갔다. 장난감을 누나가 가져갔다고 했다.

"동생이 울잖아. 어서 줘."

딸이 가지고 있던 장난감을 주라고 강요했다.

"이제 내 차례야. 많이 가지고 놀았잖아?"

"동생이 우니까, 동생한테 양보하고 넌 다른 것 가지고 놀아."

딸은 울먹거렸다.

"울지 말고, 뚝. 나중에 가지고 놀아도 되잖아." 라고 말했다.

딸은 자라면서 모든 것을 동생한테 양보해야 한다는 마음으로 인해 동생이 미웠다고 했다. 그리고 항상 동생한테 양보하라는 엄마에 대한 원망이 마음속에 자리 잡게 되었다.

아이들이 성장한 후 대화를 나누는 계기가 있었다. 그때 아이들이 이렇게 말했다. 엄마의 대화 방법에 문제가 뭔지 아느냐고 물었다. 왜 엄마와 이야기를 하면 해결보다 갈등이 생기는지 아느냐고 물었다. 이유인 즉, 엄마는 듣고 싶은 것, 엄마가 말하고 싶은 것만 한다고 했다. 우리들의 말은 듣지 않고 무시한다고 했다. 아이들이 그러한 말을 할 그때까지도 난 문제의식을 전혀 느끼지 못했다. 때문에 아이들의 지적에 기분이 상했다. 나 자신이 문제의식을 느끼지 못했기 때문에 아이들과의 갈등은 계속되었다. 다 잘되라고 하는 이야기였는데 아이들의 그런 반응에 화가 나고 서운했다.

그러다 어느 날 남편과 이야기를 나눌 기회가 있었다. 아이들이 한 이야기를 했다. 그런데 남편도 똑같은 말을 했다. 나와 대화를 하다보면 화도 나고 속상한 일이 많다고 한다. 제일 기분이 나쁜 것은 대화하다가 불리하면 중간에 말을 끊어서 화제를 다른 곳으로 돌린다고 했다. 또, 자신의 말을 안 듣고 이야기도중 다른 곳으로 시선을 돌리고 있을 때 굉장히 무시당하는 기분이라고 했다. 가족들한테 그 말을 듣고 나는 충격이었다.

　나의 대화법에 대해 고치려고 노력했다. 그런데 여태까지 살아온 세월이 있기에 하루아침에 쉽게 변하지는 않았다. 그러던 중 감정코칭에 대한 공부를 시작하면서 조금씩 알게 되었다. 나의 문제가 무엇인지, 그동안 난 아이들의 감정을 들여다보지 않고 행동만 보고 있었다. 그러다보니 멸시하고, 질책하고, 명령하고, 무시하였다. 나의 감정이 불편한 것도 아이들 때문이라고 생각했다. 이러한 모든 부정적인 생각들이 갈등을 더 깊게 만들었다는 것을 깨닫게 되었다. 스스로 잘못된 습관을 인지하고 노력하면 충분히 변화할 수 있다고 생각한다. 그리고 지금도 계속 노력하고 있다. 나의 변화로 인해 아이들과의 사이도 예전보다 조금씩 좋아지고 있다. 앞으로도 계속 좋아지기를 기대한다.

감정코칭 전후의 대화법

감정코칭 공부를 하면서 아들과의 대화에서도 변화가 있었다. 예전에는 비난, 무시, 방어, 경멸의 대화를 많이 했었다. 지금은 의식적으로 다가가는 대화를 하려고 노력했다. 얼마 전의 일이었다. 아들이 책을 보고 있었다.

"뭐 하니?"

조용하고 부드러운 목소리로 아들을 쳐다보며 물었다.

"영어 다시 하려고 보고 있어요."

"아, 그렇구나! 영어 다시 하려고."

나의 반응에 아들은 다시 말을 했다.

"네, 근데 책을 다시 사야겠네요."

아들은 나를 보면서 웃었다.

"아, 그래야겠네."

나는 고개를 끄덕이며 맞장구를 쳐 주었다.

"네, 옛날에 보던 거라 그러네요."

"아, 옛날에 보던 거라 그렇겠구나."

고개를 끄덕이면 공감을 했다.

"네, 인터넷으로 교재를 찾아봐야겠어요."

"그래, 잘 찾아봐, 필요한 것 있으면 말해줘."

아들의 어깨를 다독이며 말했다.

감정코칭을 배우면서 대화의 패턴이 이렇게 바뀌어졌다면, 예전에는 어떻게 대화를 했는지 살펴보자.

"뭐 하니?"

짜증스럽고 날카로운 소리로 말했다.

"왜요?" 아들 역시 퉁명스럽게 대답한다.

"영어책은 왜 보고 있니?"

공부도 안 할 거라는 단정을 짓고, 영어책은 뭐 하러 보고 있냐고 빈정거리는 말투로 물어본다.

"상관하지 마세요."

아들 역시 얼굴도 안 보고 자기 인생이니 신경 쓰지 말라고 한다.

"책 또 사려고?"

또 책만 사고 공부도 안 할 거면서, 돈이 남아 도나는 뉘앙스를 풍긴다.

"상관 말고 나가세요."라며 무시한다.

위 내용에서 보듯이 감정코칭을 배우기 전과 배운 후의 내용이다. 확실히 차이가 난다. 예전에는 마음을 닫는 대화를 주로 했다. 그러니 당연히 아들과의 사이가 좋지 않았다. 아들과 나는 대화를 자주 하는 편이 아니었다. 대화를 하는 일이 있으면 꼭 갈등이 일어났다. 처음에는 조용히 시작해도 끝은 큰소리로 마무리되었다. 그런 아들을 보면 나는 언제나 아들 때문이라고 생각했다. 감정 코칭 공부를 하면서 다가가는 대화를 하려고 노력했다. 처음에는 쑥스럽고 잘 안되었다. 그런데 한 번 하고 두 번 하고 하다 보니 이제는 조금은 익숙해지는 것 같았다. 가장 놀라운 것은 아들의 변화이다. 예전에는 자기 방에서 나오지를 않았다. 그런데 얼마 전부터 나와 식탁에 앉아 차도 마시며 자신의 이야기를 조금씩 하기 시작한다.

"많이 힘들었겠구나." 수용하는 대화

아이들이 힘이 들거나 화가 났을 때, 부모가 힘든 마음을 알아주는 것만으로도 아이는 힘이 난다. 이것 역시 감정코칭에서 중요하다. 아침 일찍 딸이 전화가 왔다.

"엄마! 오늘 시간 있어요?"

"왜? 무슨 일 있니?"

"밤새 아기가 보채서 잠을 못 잤어요."

"너무 힘들어요, 엄마가 와서 좀 도와주세요."

"그랬구나, 우리 딸 많이 힘들었겠구나."

"네, 밤새 안고 있어서 팔목이 너무 아파요."

"그래, 팔목이 많이 아프겠구나. 준비해서 갈게. 조금만 참아."

감정코칭을 배우면서 대화의 패턴이 이렇게 바뀌었다면, 예전에는 어떻게 대화를 했는지 살펴보자.

"엄마! 오늘 시간 있어요?" 라고 물었다.

"왜?" 라고 짧게 말한다.

"밤새 아기가 보채서 잠을 못 잤어요." 라고 말했다.

"엄마 되기가 어디 쉬운 줄 아니? 다 그렇게 키운다."

"너무 힘들어요, 엄마가 와서 좀 도와주세요."

"뭘 힘들어. 나도 너 그렇게 키웠어."

"네, 밤새 안고 있어서 팔목이 너무 아파요."

"얘, 넌 더 심했어. 그 정도 가지고 뭘 그러니?"

별거 아닌 거 가지고 유난 떤다고 무시해 버린다.

"알았어. 일단 갈게."

짜증스런 목소리로 말한다.

"휴, 안 오셔도 돼요."

위 내용에서 보듯이 감정코칭을 배우기 전과 배운 후의 내용이다. 확실히 차이가 나는 게 보인다. 나는 항상 이런 식의 대화를 하고 있었다. 딸은 결국 감정이 상하게 된다. 그로 인해 상처를 입고 마음을 닫아버린다. 나의 대화 방법의 문제는, 어차피 할 것도 상대의 감정을 상하게 만들어 놓고 하는 버릇이 있었다.

감정코칭을 배우기 전에는 나의 문제를 전혀 인식하지 못했다. 그런데 내가 문제를 인식하면서부터 변화가 시작되었다. 부모의 감정이 아이들한테 얼마나 큰 영향을 주는지도 알게 되었다. 그리고 나의 감정의 근원을 알기 위해 내 안에 있는 '초 감정'을 이해해야 하는 것이 중요하다는 것을 깨닫게 되었다. 내 안에 있는 '초 감정'을 알아차리는 것만으로도 아이들의 감정을 제대로 읽어 줄 수 있기 때문이다.

아이들의 장점 찾기

그동안 나는 아이들에게 상처 주는 말을 많이 해서 갈등을 겪었다. 감정코칭을 배우면서 먼저 관계개선을 하기위해 아이들의 닫혀있는 마음을 여는 것이 중요했다. 그중 아이들에 대한 50가지 장점을 찾아 적어 보기로 했다. 장점 50가지를 적는다는 것이 생각보다 간단한 일은 아니었다. 처음에는 아이들의 장점이 생각이 잘 나지 않았다. 그 이유는 그동안 장점보다 단점을 더 많이 지적해 왔던 습관 때문이었다.

하루에 생각나는 대로 몇 가지씩 적기 시작했다. 그렇게 적다 보니 어느 날 50가지를 다 적을 수 있었다. 다 적고 보니 아이들의 장점이 이렇게 많았다. 그런데도 불구하고 왜 그동안 단점만 보고 아이들을 판단하고 다그치기만 하였는지 나를 돌아보며 반성하는 시간이 되었다. 그리고 엄마가 찾아본 장점을 아이들에게 보여 주었다. 그것을 받아든 아이들은 처음에는 다소 의아한 표정으로 지었다. 잠시 후 자신의 장점을 읽어 내려가던 아이들의 입가에 옅은 미소가 번지고 있었다. 그렇게 아이들을 대하는 나의 시각이 긍정적으로 바뀌기 시작하면서 아이들도 조금씩 변화가 되기 시작했다. 이 과정을 겪으면서 부모가 변하면 아이도 변한다는 것을 또 한 번 느끼게 되었다.

엄마가 찾아본 딸의 장점 50가지

1. 예쁘다.
2. 잘 웃는다.
3. 감수성이 좋다.
4. 기억력이 좋다.
5. 공부를 잘한다.
6. 피부가 좋다.
7. 허리가 얇다.
8. 창의성이 있다.
9. 한번 하면 확실히 한다.
10. 타자가 빠르다.
11. 사진을 잘 찍는다.
12. 손재주가 좋다.
13. 요리를 잘한다.
14. 색 배열을 잘한다.
15. 귀엽다.
16. 영어공부를 열심히 한다.
17. 책을 빨리 읽는다.

18. 여행을 좋아한다.

19. 모유수유를 잘 한다.

20. 그림을 잘 그린다.

21. 아이를 잘 키운다.

22. 종이접기를 잘 한다.

23. 피아노 치는 것을 좋아한다.

24. 아이와 잘 놀아준다.

25. 가족을 사랑한다.

26. 모르는 사람과도 잘 이야기 한다.

27. 재미있다.

28. 분위기 메이커이다.

29. 잡학다식하다.

30. 컴퓨터를 잘 한다.

31. 숲을 좋아한다.

32. 하늘을 잘 쳐다본다.

33. 자료 검색을 잘 한다.

34. 자기 주관이 뚜렷하다.

35. 잘 먹는다.

36. 착하다.

37. 여행계획을 잘 짠다.

38. 아이 밥을 잘 만든다.

39. 동물을 사랑한다.

40. 선거에 잘 참여한다.

41. 말을 잘 한다.

42. 어른을 공경한다.

43. 배우는 것을 좋아한다.

44. 노래를 잘 부른다.

45. 열정적이다.

46. 건강하다.

47. 분리수거를 잘 한다.

48. 논리적이다.

49. 다른 사람과 잘 친해진다.

50. 인상이 좋다.

엄마가 찾아본 아들 장점 50가지

1. 잘생겼다.

2. 어깨가 멋있다.

3. 창의성이 있다.

4. 감성적인 남자다

5. 운동을 잘 한다.

6. 노래를 잘 한다.

7. 법 지식에 아는 것이 많다.

8. 자주 씻어 언제나 깨끗하다.

9. 멋을 부리지 않아도 멋있다.

10. 자기 주관이 뚜렷하다.

11. 마음이 여리다.

12. 요리를 잘 한다.

13. 정의롭다.

14. 남을 잘 도와준다.

15. 여행을 좋아한다.

16. 피아노 치는 것을 좋아한다.

17. 가족을 사랑한다.

18. 논리적이다.

19. 말을 잘 한다.

20. 얼굴만 봐도 든든하다

21. 건강하다.

22. 센스가 뛰어나다.

23 인상이 좋다.

24. 기획력이 좋다.

25. 쇼핑할 때 짐을 잘 들어준다.

26. 가끔 애기 짓 할 때 귀엽다.

27. 영어발음이 좋다.

28. 신문 보는 모습이 흐뭇하다.

29. 알아서 공부를 잘한다.

30. PC방에 안 간다.

31. 역사에 해박하다.

32. 키가 크다.

33. 인내심이 있다.

34. 책임감 있다.

35. 항상 밝다.

36. 리더쉽이 있다.

37. 계획을 잘 짠다.

38. 동물을 사랑한다.

39. 어른을 공경한다.

40. 제사 준비할 때 잘 도와준다.

41. 개그로 잘 웃겨준다.

42. 패션 감각이 좋다.

43. 행동이 빠르다.

44. 착하다.

45. 직관력이 뛰어나다.

46. 정치에 대해 아는 것이 많다.

47. 의리가 있다.

48. 다른 사람의 마음을 잘 읽는다.

49. 친절하다.

50. 상냥하다.

내 아이의 기질을 이해하자

아이들의 기질은 타고난 것으로 성격과 다르게 평생 바뀌지 않는다. 따라서 우리 아이의 기질을 알고 받아들인다면 조금 더 아이를 이해할 수 있고, 아이에게 적합한 양육법을 알 수 있으리라 생각된다.

우리 집 아이들도 각기 다른 기질을 가지고 있다. 딸은 순한 아이 유형이고 아들은 까다로운 아이 유형이다. 딸은 어릴 때부터 아직 어려서 서툴다고 무엇이든지 내가 다 해주었다. 혼자서 해보려고 시도를 하면 처음에는 할 수 있게 지켜보았다. 나중에는 내가 답답하고 불안해서 다 해주게 되었다. 그렇게 해도 딸은 별 거부 없이 순순히 잘 따라 주었다. 타고난 기질이 순둥이라 자기감정을 표현하지 않았다. 때문에 별 문제가 없다고 생각했다.

그런데 딸이 성장하면서 문제가 불거져 나왔다. 또래 친구들은 무엇이든지 알아서 하는데 자신은 엄마 없이 혼자서 하는 일이 하나도 없다고 했다. 때로는 자신이 한심하고 바보같이 느껴진다고 했다. 딸은 그동안 자신의 감정표현을 안 하고 숨기고 있었던 것이었다. 나 역시 딸을 키우면서 단 한 번도 딸의 감정을 물어보지 않았다. 그러다 보니 딸이 지금 원하고 느끼는 감정을 놓치고 말았다. 딸은 자신의 감정을 지속해서 숨기며 자랐다. 때문에 스스로 감정을 표현하며 느끼는 것이 아직도 서툴 수 있다. 그래서 자신이 표현한 감정에 대한 기분을 물어보는 것도 중요하다고 생각한다.

아들은 까다로운 유형이다. 아들을 키우면서 참 많이 힘들었다. 도무지 어디로 튈지 몰라 항상 불안했다. 어린 시절에도 누나와 달리 자기감정을 확실하게 표현했다. 너무 강하게 표현하는 바람에 어떤 때는 당황스럽기도 했다. 사춘기에 접어들면서부터 말끝마다 반항하면 삐딱하게 나가는 바람에 부모와의 갈등도 심했다. 아들이 행여 잘못될까봐 노심초사하며 살았다. 나중에 깨달은 사실은 부모의 불안감으로 인해 아들을 너무 억압했던 게 문제였다. 자신이 하고 싶은 것을 할 수 있도록 도와주고, 믿어주며, 지지하므로 해서 아이는 더 이상 엇나가지 않고 안정감을 찾게 되었다.

순한 아이 유형

이 유형의 아이들은 어른들의 말에 순종하느라 자신의 의견이 없는 경우가 많다. 스스로 결정하고 밀어붙이는 힘이 부족해서 자신이 무엇을 원하는지 잘 모른다. 어른들이 아이의 입장을 고려하지 않고 명령하고 아이의 감정을 억압한다. 이로 인해 겉으로는 순종하지만, 속으로는 많은 상처를 입고 힘들어 한다. 때문에 부모의 섬세함이 필요하다. 저항하지 않더라도 아이의 감정을 살피고 아이가 자신의 감정을 드러내도 처벌받지 않는다는 사실을 인지시켜주어야 한다. 자신이 원하는 것을 스스로 선택할 수 있을 때까지 기다려 주는 것이 필요하다.

까다로운 아이 유형

까다로운 아이들은 일반적으로 부모를 가장 힘들게 하는 유형이다. 짜여 있는 틀을 싫어한다. 이런 성향 때문에 부모에게 반항적으로 보이는 태도를 보이기도 한다. 부모가 가장 많이 신경을 써야할 부분은 아이의 새로운 시도를 무조건 막아서는 안 된다. 이 유형의 아이들이 가지는 가장 큰 장점은 끊임없이 시도하고 실패하고 배우고 다시 도전하는 것이다.

느린 아이 유형

새로운 것에 대해 적응이 느리다. 사실 새로 시작하는 것 자체를 그리 좋아하지 않는다. 이 유형의 아이의 부모가 해야 할 가장 중요한 일은 느긋하게 기다려 주는 것이다. 부모의 조급한 마음이 아이를 불안하게 하여 아이가 가지고 있는 엄청난 잠재력을 펴보지도 못하게 만드는 경우가 많다. 이 아이들은 '빨리빨리 좀 해. 왜 이리 느려?'라는 이런 말들을 제일 듣기 싫어한다.

아이의 속도에 맞춰서 충분히 공감해주고 좀 늦어도 괜찮다는 것을 알려주는 것이 중요하다. 살아가면서 인생은 길고 삶의 여정은 얼마든지 다른 방향으로 바꿀 수 있다는 것을 가르쳐 준다.

세 가지 기질에는 각기 장단점이 있다. 어느 것이 좋고, 나쁘다고 할 수는 없다. 모든 유형은 사회에 필요하다. 순한 아이는 사회에 안정을 가져다주고, 까칠한 아이는 사회에 혁신을 가져다주고, 느린 아이는 안전을 가져다준다. 그러므로 감정코칭을 할 때는 아이의 기질에 따라 적용하게 되며 좋은 효과를 볼 수 있다.

이럴 때 감정코칭 하지 말자

부모가 바쁠 때

어린이집을 운영할 때의 일이다. 세 명의 엄마는 아침마다 아이를 직접 데리고 왔었다. 매일 출근 시간에 쫓기는 상황이라 아이를 담임선생님한테 안겨주고 도망치듯 가버린다. 아이는 엄마와 안 떨어지려고 악을 쓰고 발버둥 치며 운다. 그런데 세 명 중 한 아이 엄마는 아이를 안고 5분에서 10분 정도 눈을 맞추고 이야기를 한다. 그러고 나서 아이를 선생님께 안겨준다. 아이는 엄마와 떨어지면서 울지 않고 손을 흔들면 웃으면 인사를 했다.

그렇게 엄마와 헤어진 세 명의 아이들은 하루 일과도 달랐다. 엄마와 웃으며 헤어진 아이는 친구들과 잘 어울리며 안정되게 하루를 잘 보낸다. 반면 엄마가 도망치듯 가버린 아이의 경우는 온종일 불안한 표정으로 선생님 옷을 붙잡고 칭얼거리며 따라다닌다. 이처럼 엄마와 아이가 어떻게 헤어지느냐에 따라 아이의 하루가 달라지는 것을 볼 수 있다.

엄마는 울고 있는 아이를 보고 출근을 하게 되면 마음이 영 편치 않다. 아이 역시 자신을 두고 도망치듯 가버리는 엄마를 보며 불안감을 느낄 수 있다. 감정코칭을 하기 위해서는 아이의 마음을 읽고 공감해 주는 것이 중요하다. 그런데 부모가 바쁜 상황에서는 마음의 여유가 없기 때문에 감정코칭이 쉽지가 않다. 따라서 부모가 바쁠 때는 감정코칭을 하지 않는 것이 좋다.

다른 사람이 있을 때

집에서는 엄마 말을 잘 듣고 얌전한 아이가 밖에 나가면 갑자기 산만해지고 말을 안 듣는 경우가 있다. 이럴 때는 감정코칭을 해서는 안 된다. 감정코칭을 제대로 하려면 부모와 아이가 진심으로 마음을 열고 소통해야 한다.

어느 날 아이들을 데리고 큰고모집에 갔다. 그런데 아들이 갑자기 그동안 갖고 싶었던 장난감을 사달라고 떼를부린다. 나는 아들의 이런 행동에 당황스러웠다. 큰고모는 아들을 유난히 예뻐했다. 언제나 자기편인 큰고모가 있기 때문에 내가 아무리 설득을 해도 아들은 말을 듣지 않고 계속 떼를 썼다.

"엄마, 배트맨 가면 사러 가요."

"오늘 말고 다음에 가자."

"싫어요."

"그럼 나중에 집에 가면서 사자."

"싫어요, 지금 사러 가요."

이런 상황에서는 엄마는 감정코칭을 해서는 안 된다. 꼭 해야 한다면 아이와 단둘이 있는 상황을 만들어서 해야 한다. 만약에 큰 고모가 있는데서 감정코칭을 하게 되면 아들은 자기편인 큰고모가 있기 때문에 자기 뜻을 굽히지 않고 장난감을 사러 가자고 할 것이다.

부모의 목적을 채우려 할 때

감정코칭을 할 때에는 아이의 닫힌 마음을 열 수 있도록 진심으로 아이의 마음을 읽어 주어야 한다. 그렇게 하게 되면 아이는 스스로 감정조절을 하는 방법을 배울 수 있다.

아이를 키우면서 부모들이 제일 많이 하는 것이 자신의 목적을 달성하기 위해, 다양한 방법으로 아이들을 이용한다. 아이들이 학원을 가기 싫다고 할 때, 부모가 원하는 옷을 입지 않으려고 할 때, 아이들이 밥을 안 먹으려 할 때, 심지어 장난감이나 책을 살 때도 아이들이 원하는 것보다 부모가 아이들에게 필요하다고 생각한 것을 사도록 유도한다.

나는 한 달에 한 번 아이들을 데리고 서점에 간다. 각자 읽고 싶은 책을 한 권씩 고르라고 한다. 딸은 내가 원하는 종류의 책을 잘 골라온다. 하지만 아들은 매번 만화책 종류를 골라와 마음에 안 든다. 오늘도 아들은 만화책을 고르고 있다. 나는 '라이언 킹' 책을 들고 아들 옆으로 갔다.

"이 책 재미있겠다. 그지?"

"(고개를 돌려 쳐다본다.)"

"이 책 한번 읽어 볼래? 엄마가 잠깐 봤는데 너무 재미있을 것 같다."

"줘 보세요."

"그래, 한번 봐봐."

"어때, 재미있지? 이 책 살까?"

이런 경우 아이들은 부모가 진심으로 자신의 감정을 읽어 주는지, 다른 의도를 가졌는지를 다 안다. 아이가 어려 처음에는 부모의 의도대로 따라 주기도 한다. 하지만 아이가 성장하면서부터 부모를 더 이상 신뢰하지 않게 된다. 또한, 부모가 자신을 위해서 하는 행동마저도 순수하게 받아들이지 않고 오해를 하며 불신하게 된다.

부모의 감정이 불안할 때

부모가 아이를 감정코칭을 해야 할 때 몹시 흥분된 상태라면 먼저 자신의 마음을 가라앉히는 것이 우선이다. 부모가 감정이 흥분된 상태에서 감정코칭을 하게 되면, 감정조절이 안 돼서 자신도 모르게 큰 소리를 치게 된다.

이때 부모의 뇌는 파충류의 뇌 상태가 된다. 아이 역시 부모의 이러한 모습을 보고 화가 나서 파충류의 뇌가 된다. 이런 상태에서는 서로가 이성적인 대화는 이뤄질 수가 없다. 오히려 안 좋은 결과를 가져 올수 있다. 만약 흥분된 마음이 빨리 가라앉지 않으면 부모 중 감정이 안정된 사람이 감정코칭을 하는 것이 좋다.

안전이 최우선일 때

아이에게 감정코칭이 중요하다. 하지만 감정코칭에서 더 중요한 것은 아이의 안전이 최우선 되어야 한다. 아이가 안전을 위협당하는 상황에서는 감정코칭을 해서는 안 된다. 왜냐하면 이때는 아이를 안전하게 보호하고 안심을 시키는 일이 더 중요하기 때문이다.

아이가 평생 잊지 못할 충격적이고도 고통스러운 사고를 겪었을 때, 치료의 마지막 회복의 단계에서는 고통의 의미를 찾아주는 것이 중요하다. 그렇지 않으면 아이들은 자신의 잘못이라고 생각하며 괴로워한다. 그렇게 되면 고통의 상처는 깊어지고 후유증 또한 오래 남는다. 때문에 지금 일어난 사고가 자신의 잘못이 아니라, 어쩔 수 없이 일어난 사고라는 점을 반드시 알려주는 것이 중요하다.

제5장
아이들과 떠나는 걷는 여행

변해가는 아들을 바라보며

아침부터 내리는 비가 오후가 되자 더 거세게 내리기 시작했다. 오늘은 야간 자율학습이 없는 날이다. 아들을 데리러 학교에 가려고 준비를 했다. 학교는 집에서 승용차로 30분 정도 가야 한다. 나는 매일 오후에 아들을 데리러 간다. 이유는, 아들이 마치고 다른 데로 못 가게 하기 위해서다. 오늘은 비가 와서 다른 날 보다 일찍 출발하려고 아파트 주차장으로 내려왔다.

차를 몰고 학교로 갔다. 비가 많이 와서 도로에 차가 생각보다 많이 밀렸다. 시계를 보니 다섯 시 삼십 분이 넘었다. 마치는 시간이 다 되어간다. 마음이 급해졌다. 한참을 거북이걸음을 하고서야 정체된 길이 시원하게 뚫렸다. 급한 마음에 차를 막 밟았다. 마침내 학교에 도착했다. 학교 정문 앞에 정차하고서야 한숨을 돌렸다. 잠시 후 아이들이 하나 둘씩 나오기 시작했다.

한참을 기다려도 아들은 나오지 않았다. 갑자기 불안했다. 또 무슨 일이 생겼나 라는 생각이 들었다. 그렇게 불안한 마음을 가지고 정문 앞을 서성거리고 있을 때였다. 아들 친구가 머리를 긁적이며 다가와서 인사를 했다.

"어머니, 지금 ㅇㅇ는 담임선생님과 면담하고 있어요."

"왜, 오늘 무슨 일 있었니?"

"아, 아닙니다. 그냥 상담하고 있습니다."

"반 전체 상담이니?"

"아닙니다. 개인 상담입니다."

아들 친구한테 알려줘서 고맙다고 말했다. 아들 친구는 인사를 꾸벅하고는 갔다.

'무슨 일로 상담을 하는 거지? 나는 혼자서 중얼거렸다. 한참이 지나도 아들은 나오지 않았다. 아무 일도 없다고 하는 데 나는 계속 불안했다. 이제 정문 앞에는 나 말고 아무도 없었다. 학교 안에는 아이들이 다 빠져나가고 조용했다. 마냥 기다릴 수 없었다. 기다리다 지친 나는 학교 안으로 들어갔다. 막상 들어왔지만, 아들이 어디에 있는지 알 수가 없었다. '아, 맞다. 교실에 있는지, 교무실에 있는지 물어봤어야 했는데.' 깜박 놓친 걸 후회했다. 그리고는 먼저 교실로 갔다. 창문으로 교실 안을 들여다보았다. 조용했다. 아무도 없었다. 발걸음을 돌려 교무실로 향했다. 교무실 쪽으로 다가가자 갑자기 문이 열리면서 아들이 나왔다. 아들은 나를 보더니 무표정한 얼굴로 걸어왔다.

"무슨 일이니?"

"별일 아니에요."

"별일 아닌데 여태까지 있었니?"

"가면서 얘기해요."

궁금하지만 가면서 얘기한다는 소리를 듣고 아들을 뒤따라 차로 향했다. 가면서 얘기하자던 아들은 집으로 돌아오는 차 안에서 아무 말도 하지 않았다.

궁금해서 다시 물었다.

"선생님과 무슨 상담했니?"

"야간 자율 학습 때문에요."

"야간 자율 학습이 왜?"

"안 하려고요."

아들은 무심한 듯 내뱉었다.

"왜 안 하려고 그러니?"

백미러로 아들 얼굴을 쳐다보았다.

"그 시간에 다른 것 하려고요."

아들은 핸드폰을 쳐다보며 말했다.

"다른 것 뭐 하려고?"

"학원 다니려고요."

계속 핸드폰을 보면서 대답하고 있었다.

"갑자기 무슨 학원?"

나는 의아한 표정을 지었다.

"실용음악학원 다니려고요."

"뭐, 실용음악학원?"

머리가 떵하면서 할 말이 없었다.

"네." 아들은 그렇게 짧게 대답하고는 이어폰을 꽂고 눈을 감아 버렸다.

운전하고 오면서 머릿속이 복잡해졌다. 아니, 대학을 가야 하는데 도대체 무슨 생각을 하는 건지 아들의 마음을 알 수가 없었다. 아니, 이해가 되지 않았다. 아들은 그동안 계속 대학을 안 간다고 했었다. 공부에 별 관심도 없고 대학은 나와서 뭐 하냐고 했다. 이때까지 난 아들이 그냥 하는 소리라고 생각했었다.

그런데 야간자율학습도 안 한다고 하니 정말 대학을 안 갈 모양이다. 참으로 기가 찼다. 집으로 돌아오는 내내 생각했다. 어떻게 하면 아들의 마음을 돌려놓을 수 있을까. 많은 생각을 했지만 딱 떠오르는 것이 없었다.

죽어도 안 가겠다고 하는 놈한테 무슨 말을 한들 통할 리가 없다는 것을 잘 알고 있기 때문이었다. 그리고 요즘 세상에 대학을 나와도 취업하기가 힘든데 대학도 안 나와서 무슨 일을 하고 살려고 하는지 가슴이 답답했다. 하긴 대학을 나온다고 뭐 뾰족한 수가 있는 건 아니다. 그래도 부모 마음은 대학까지는 마쳤으면 하는 생각이 들었다. 예전 같았으면 '넌 지금 정신이 있니?' 라며 아들의 감정을 건드렸을 것이다. 하지만 괜히 아들 감정을 건드려 좋을 것이 없다는 생각이 들어 참았다.

집으로 돌아와 저녁 준비를 하면서도 마음이 무거웠다. 머릿속은 온통 아들 생각으로 꽉 차 있었다. 저녁을 먹고 난 후 남편한테 오늘 있었던 아들 이야기를 했다. 내 이야기를 하는 동안 남편은 듣기만 할 뿐 아무런 반응을 보이지 않았다. 이야기를 하면서 그런 남편의 반응도 불안했다. 그런데 이야기가 끝나자 남편의 반응이 뜻밖이었다.

"하고 싶다면 해야지."

그리고는 아들을 불러오라고 했다. 나는 아들 방으로 가서 안방으로 건너오라고 했다. 아들은 아무 말도 안하고 와서 앉았다.

"엄마한테 얘기 들었다. 네 생각을 얘기 해 봐."

"실용음악학원 다녀서 대학수시 넣어 보려고요."

학과는 마음에 안 들었지만, 무엇보다 대학을 간다는 말이 반가웠다.

"그래, 학원은 알아봤니?"

"지금 알아보고 있어요."

"그럼, 야간자율학습은 어떻게 하기로 했니?"

"네, 빠지는 거로 선생님과 얘기됐어요?"

"그래, 잘 알아보고 열심히 해봐." 라며 잠시 생각을 하다가 남편은 아들의 어깨를 툭 치며 말했다.

"네."

아들은 짧게 대답을 했다.

그렇게 이야기를 끝내고 아들은 자기 방으로 돌아갔다. 아들이 가고 나서 남편이 말했다. 음악은 하고 싶은데 못 하게 하면 나중에 나이 들어서라도 한다고 했다. 어차피 할 것 같으면 한 살이라도 어린 지금 해 보는 것도 나쁘지 않다고 하였다. 일주일 후 아들은 학원에 다니기 시작하였다. 매일 학교를 마치고 학원에 갔다가 밤 열두 시가 넘어서야 집에 돌아왔다. 자신이 좋아하고 하고 싶은 것을 해서 그런지 얼굴은 피곤해 보여도 표정은 밝았다.

집에 돌아와서도 바로 자지 않고 연습을 하다가 새벽이 되어서야 잠이 들곤 했다. 내가 살면서 아들이 이렇게 열심히 자기 일을 하는 것을 처음 보았다. 예전에는 학교 갔다 오면 늘 피곤해하고 말을 걸며 예민하게 굴었다. 그런데 지금은 밤늦은 시간에 돌아와서 연습하고 있는데 들어가서 말을 걸어도 예민하게 굴지 않았다. 심지어 어떤 날은 나에게 먼저 말을 붙이기도 했다.

아들은 하루도 빠지지 않고 학교로 학원으로 열심히 다녔다. 드디어 수시 원서를 접수하게 되었다. 나는 걱정이 되어 여러 군데 넣어보라고 했다. 아들은 말을 듣지 않았다. 그리고 자신이 생각한 한 곳에 접수했다. 그렇게 접수를 하고도 아들은 학원을 열심히 다녔다. 한참을 지나고 대학에서 면접을 보러 오라는 연락이 왔다. 면접 당일 아들은 갔다 온다는 인사를 하고 갔다. 나는 떨지 말고 잘하고 와라며 손을 잡아 주었다. 기다리는 동안 마음이 조려왔다. 저녁이다 되어서야 아들이 돌아왔다.

"잘했어?"라고 물어보면서 웃어 주었다.

"그냥 뭐 그래요."라며 아들도 웃었다.

그렇게 면접은 끝났다. 이제 발표만 남았다. 아들은 여전히 학원을 열심히 다녔다. 어느 날 오후였다. 학교에 간 아들한테서 전화가 왔다.

"엄마! 발표 났어요."라며 말했다.

"그래, 어떻게 됐니?" 라고 물으면서 혹시 떨어졌으면 어쩌지? 라는 생각을 했다.

"합격했어요." 라며 아들의 웃는 목소리가 수화기 넘어 들려왔다.

"그래, 고생했다. 축하해"라며 진심을 전했다.

아이는 부모가 믿어주는 만큼 성장하는 것 같다. 그동안 아들을 믿지 못하고 의심했었다. '어휴, 뭘 할 수 있겠니?'라는 표정으로 아들을 대했다. 하지만 아들을 조금씩 인정하고 믿기 시작하면서 조금씩 변화가 시작되었다.

딸의 선택

날씨가 쌀쌀했다. 학교에는 사람들이 많았다. 도착하니 졸업식은 이미 시작하였다. 사회를 보는 선생님이 각 반에 상장을 받는 아이들 이름을 하나하나 불렀다. 학업우수상, 개근상, 과목우수상, 과학상 등 그중 대표로 받을 사람을 또 불렀다. 딸은 학업 우수상 , 3년 개근상, 과목우수상에 이름이 불려졌다. 그리고 학업 우수상에서 대표로 상을 받으러 단상에 올라갔다.

"학업 우수상 대표, 3학년 5반 ○○○"이라고 불렀다. 단상에 올라가 상장을 받고 있는 딸을 보니 기분이 좋았다.

'조금만 늦게 도착 했으면 보지 못 했겠네.'라며 혼잣말로 중얼거리며 다행이라고 생각했다. 잠시 후 "○○ 대학 총장상, ○○○"이라고 했다. 딸의 이름을 또 불렀다. 이번에 수시로 합격한 대학교 총장상을 딸이 받게 되었다.

딸은 서울에 있는 대학교에 가고 싶어 했었다. 나는 솔직히 혼자 멀리 보내고 싶지 않았다. 그래서 집에서 가까운 대학교에 가는 것은 어떠냐고 물었다. 생각을 좀 해 보겠다고 했다. 일주일 후 집에서 가까운 ○○대학교 법학과는 어떠냐고 딸이 물었다. 괜찮다고 했다. 그래서 집 가까운 곳으로 선택하게 되었다. 1학기 수시에 접수하였다. 합격자 발표가 났는데 장학생으로 합격했다. 그런데 오늘 졸업을 하는데 그 대학교에서 또 총장상까지 주었다. 입학도 하기 전에 생각지도 못한 장학금과 상장을 받았다.

"서울 안 가고 여기 지원하길 잘한 것 같지?"라고 기분이 좋아 딸에게 물었다.

"그냥 그래요."라고 딸은 얼버무렸다.

딸은 서울로 가지 않은 것을 아직도 후회하고 있는 것 같았다. 더 물어보지 않았다. 운동장에서 졸업식이 끝나고 교실로 들어갔다. 나도 교실로 따라 들어갔다. 담임선생님과 인사를 했다. 딸은 친구들이 사진을 찍고 있었다. 사진을 찍고 있는 동안 복도에서 친구 엄마들과 이야기를 하면 기다리고 있었다. 교실에서는 아이들이 선생님과 사진을 찍었다. 마지막으로 선생님과 아이들이 작별인사를 하고 헤어졌다.

"점심 먹으러 가자, 뭐 먹고 싶니?"

"아귀찜 먹으러 가요."

"오늘은 좀 더 맛있는 거로 먹지?"

"아뇨, 아귀찜 매운 것 먹고 싶어요."

"그래, 먹으러 가자."

평소에 딸이 좋아하는 아귀찜을 먹으러 갔다.

식당에 도착했다. 점심시간이라 사람이 많았다. 우리는 창가 쪽으로 가서 앉았다. 매운맛으로 주문을 했다. 종업원이 밑반찬을 가지고 왔다. 밑반찬을 먼저 먹으면서 이야기를 나누고 있는데 주문한 아귀찜이 나왔다. 딸은 배가 고프다고 하면서 맛있게 먹었다.

졸업하고 입학 때까지 딸은 집에서 쉬었다. 친구랑 영화도 보고 그동안 공부하느라 못해본 것을 한다고 매일같이 바쁘게 다녔다. 하루는 미용실에 간다고 나갔던 딸이 저녁에 파마머리를 예쁘게 하고 왔다. 그렇게 즐겁고 바쁜 나날을 보내다 보니 어느덧 삼월이 되었다. 대학교에 입학과 동시에 학기가 시작되었다. 처음 해보는 대학 생활에 적응을 잘하는 것 같이 보였다. 수업이 일찍 있는 날은 아침 일찍 일어나 갔다. 교복만 입다가 사복을 입으니 멋도 꽤 부리고 다녔다. 학교 동아리 활동도 하면서 재미있게 잘 지내고 있었다. 그렇게 대학 생활을 잘하고 있는 것으로 보였다. 2학년을 시작한 어느 날 저녁에 딸이 의논할 이야기가 있다고 했다.

"학교 휴학하고 싶어요."

"갑자기 왜? 휴학하고 뭐 하려고?"

"고시 공부 해보고 싶어요."

"고시, 언제부터 그런 생각을 했니?"

딸이 갑자기 고시공부를 해보고 싶다고 하니 놀랐을 밖에 없었다.

"계속 생각했어요. 졸업하고 하면 늦을 것 같아요."

"그래서 휴학하고 지금부터 해보려고 해요."

갑자기 말하니 생각할 시간이 필요했다. 그런데 딸은 구체적으로 자신의 진로에 대해 이야기를 했다.

"일단 삼 년만 해볼게요."

딸이 말하는 동안 생각했다. 법대 들어갈 때는 고시 보려고 한 거니까 굳이 졸업하고 할 필요는 없다고 말하는 딸의 말이 일리가 있었다. 그런데 혼자 서

울로 보내야 해서 마음이 좀 불안했다. 하지만 처음으로 선택한 딸의 생각을 더 말릴 수도 없었다. 2학년을 마치고 휴학하기로 했다. 학기가 끝날 때까지 우선 서울에 있는 학원과 고시원을 알아본다고 했다. 여러 곳을 알아본 후 방학이 시작되면 같이 올라가서 보고 결정하기로 했다. 딸은 학교에 다니면서 학원과 고시원을 계속 알아보고 있었다. 학기가 끝나고 겨울방학이 시작되었다.

남편과 나는 딸을 데리고 서울에 갔다. 미리 알아본 다섯 곳의 고시원을 돌아보았다. 방이 너무 작아 답답했다. 그나마 창문이 있는 방은 좀 덜 답답했지만, 그 방도 마음에 들지는 않았다. 화장실과 욕실도 공용으로 사용해야 하는 불편함도 있었다. 그런 환경에 딸을 두고 올 수는 없었다. 남편과 나는 좀 더 환경이 좋은 곳이 있는지 다른 곳을 더 알아보았다. 마침 우리가 보러간 한 곳에서 새로 생긴 여성 전용 고시원을 소개를 해주었다. 주소를 받아서 찾아갔다.

3층 건물의 고시원이었다. 외관이 깨끗했다. 1층은 가게로 사용하고 있고 2층, 3층을 고시원으로 사용하고 있었다. 그리고 딸이 다니려고 알아본 학원 바로 앞이었던 것도 마음에 들었다. 벨을 눌렀다. 총무의 안내를 받고 2층으로 올라갔다. 내부도 깔끔했다. 창문이 있고 욕실 시설이 되어 있는 방과 창문 없는 방을 보여 주었다. 창문이 있고 욕실이 있는 방이 더 마음에 들었다. 방값은 거의 두 배 가까이 차이가 났다. 그래도 이때까지 본 방들과는 비교가 안 될 만큼 좋았다. 이 정도 환경이면 혼자 두고 가도 마음이 좀 놓일 것 같았다. 남편과 딸도 마음에 든다고 했다. 우리는 여기로 결정을 하고 방값을 지불하고 조금 있다가 짐을 가지고 온다고 하고 나왔다.

그리고는 바로 앞에 있는 학원을 가 보았다. 유명학원이다 보니 학생들이 많았다. 학원을 한 번 둘러보고 등록하고 나왔다. 거리 곳곳에는 고시 공부 하는 학생들이 많았다. 마음에 드는 고시원과 학원에 등록을 마치고 나니 이제 배가 고팠다. 우리는 근처 식당에 밥을 먹으러 들어갔다. 식당 안에도 학생들로 꽉 차 있었다. 한쪽에 자리를 잡고 앉아 주문했다. 음식이 나오는 동안 딸과 이런 저런 이야기를 나누었다. 밥을 다 먹고 딸이 필요한 물건을 사주려고 근처 마트에 갔다. 화장지와 휴지통, 샴푸, 린스, 간식거리를 사서 고시원으로 들어왔다.

가지고 온 책과 옷 가방을 풀어서 딸과 함께 정리했다. 혼자 두고 가려니 정리를 하는 동안 마음이 편하지 않았다. 방과 욕실을 둘러보았다. 뭐 빠진 것이 없나 살펴보았다. 그리고 혼자 지내면서 잘 챙겨 먹고, 항상 문단속 잘해야 한다면 당부를 했다. 혼자 두고 가려니 발걸음이 영 떨어지지 않았다. 차를 타고 오는데 가슴이 미어지면 눈물이 나왔다. 딸과 이렇게 떨어져 살아보는 것은 처음이었다. 집에 도착해서 딸의 방에 들어갔다. 침대 위에 옷가지가 널려 있었다. 옷을 개어서 정리하는데 코끝이 찡했다. 딸한테 전화를 했다. 생각보다 목소리가 밝았다. 잘 지내고 있으니 걱정하지 말라고 했다.

그렇게 딸은 고시원과 학원을 오가며 공부를 시작했다. 딸은 태어나서 처음으로 혼자 결정한 일이었다. 자신이 결정한 일을 잘하기 위해 열심히 노력하고 있었다. 어떤 날은 힘이 드는지 목소리가 가라앉아 있는 날도 있었다. 그래도 다행스럽게도 처음 걱정했던 것보다 잘 지내고 있었다. 일 년이 지난 후 어느 날 새벽이었다. 전화벨 소리에 잠이 깼다. 딸한테서 전화가 왔다.

"엄마!"

"그래, 이 새벽에 무슨 일 있니?"

"고시원 1층에 불이 났어요."

"뭐, 뭐라고 넌 괜찮은 거니?"

너무 놀라 말이 제대로 안 나왔다.

"네, 저는 괜찮아요. 다행히 안 자고 있어서 금방 나올 수 있었어요."

"그래, 다행이다. 그럼 추운데 지금 어디에 있는 거니?"

"고시원 사장님이 방을 얻어줘서 다른 사람들과 같이 있어요."

"정말 괜찮은 거니?"

"네, 물수건 만들어 코 막고 엎드려서 나와서 괜찮아요."

"그래, 잘했다."

전화를 끊고 나서도 남편과 나는 도무지 잠이 오지 않았다. 만약에 라는 생각만 해도 끔찍했다. 이런저런 생각에 잠도 제대로 못 자고 아침이 되었다. 점심때가 지나서 딸에게 전화를 했다. 잠결에 전화를 받았다. 잠이 안 와서 아침이 되어서야 잠들었다고 한다. 또 괜찮으냐고 물었다. 자기는 괜찮은데 책과 옷이랑 소지품에 냄새가 많이 난다고 했다. 언제까지 거기 있어야 하는지도 물었다. 그건 아직 모르겠다고 했다. 일단 알겠다고 하며, 무슨 일 있으면 바로 연락한다고 하고는 끊었다.

딸이 말은 안 했지만 많이 놀랐을 것이다. 저런 상태에서 무슨 공부가 되겠냐는 생각이 들었다. 저녁에 남편이 퇴근하고 왔다. 밤새 잠을 못 자 피곤해 보였다. 먼저 말을 꺼내려고 하는데, 남편이 먼저 말했다. 집에 내려와서 공부하는 것은 어떻겠냐고 말했다. 그 말에 나도 고개를 끄덕였다. 딸한테 전화해서 우리의 생각을 이야기했다. 딸은 고시원을 옮기려 해도 마땅한 곳도 없어 고민하고 있었다며, 이 기회에 내려가서 인터넷 강의 들으면서 공부하려고 생각을 하고 있었다고 했다. 먼저 택배로 짐을 다 부치고 버스를 타고 내려오겠다고 했다. 그리고 며칠 후 저녁 시외버스정류장으로 남편과 나는 딸을 데리러갔다. 집에 내려온 딸은 며칠 쉬라는 소리를 뒤로 하고는 다음 날부터 공부를 시작하였다.

아들이 해준 선물

아들이 방에 없다. 이 새벽에 어디로 간 건지 알 수가 없다.

갈증이 나서 잠이 깼다. 물을 마시고 방으로 들어가려다 말고 이상한 기분이 들어 아들 방 쪽을 쳐다보았다. 문이 조금 열려있다. 방 쪽으로 걸음을 옮겼다. 다가가서 문을 닫아주려는데 방에 아들이 없었다. 아니, 얘가 어디 갔지? 아들한테 전화를 했다. 안 받는다.

잠이 깨서 거실에 TV를 켜고 앉아서 기다렸다. 창밖을 쳐다보니 밝아오고 있었다. 아들은 아직 안 왔다. 다시 전화를 해 봤다. 여전히 안 받는다. 걱정되면서 화가 스멀스멀 올라왔다. 대체 어디서 뭘 하는데 전화도 안 받지, 라고 혼잣말을 했다. 그러는 사이에 바깥에는 날이 다 샜다. 아침을 하려고 주방으로 갔다. 쌀을 씻으려고 하는데 문 열리는 소리가 났다. 하던 일을 멈추고 나갔다. 아들이었다.

"대체 어디 갔었니?"

"운동하고 왔어요."

"전화는 왜 안 받았니?"

"주머니 안에 핸드폰을 넣어 놔서 몰랐어요?"

"운동을 어디서 하고 왔어?"

"아파트 농구장에서 했어요."

"누구랑 했니?"

"친구들과 같이 했어요."

"갑자기 새벽에 무슨 운동이니?"

아들을 쳐다보며 의아한 표정을 지었다.

"그냥 잠이 안 왔어요. 매일 하기로 했어요."

"뭐 매일?"이라면 나는 눈을 크게 뜨면 물었다.

"네."라고 짧게 대답을 하고는 욕실로 들어가 버렸다.

나는 밥을 하면서 생각했다. 아들은 아침 일찍 잘 일어나지도 못한다. 그런데 갑자기 매일 아침 무슨 운동을 한다고 하는지 이해가 안 갔다. 며칠이나 갈지 두고 봐야겠다고 생각했다. 그런데 그다음 날 새벽에도 아들은 운동을 하러 나갔다. 그리고 그다음 날도 나갔다. 아들은 보름 동안 하루도 빠지지 않고 새벽마다 운동을 하고 왔다. 어느 날부터 아들은 새벽에 나가는 일이 없었다. 나도 아들이 운동하러 가지 않는 것에 관해 물어보지 않았다. 아들이 오래 하지 못 할 거라는 예상을 하고 있었기 때문이었다. 운동을 끝내고 일주일 후 아들은 오전에 친구를 만나러 간다고 나갔다. 오후에 돌아온 아들의 손에 조그마한 쇼핑백을 들고 들어왔다.

"엄마, 이거 하세요."라면 쇼핑백을 건네주었다.

"이게 뭐니?"라면 건네준 쇼핑백을 받았다.

"쇼핑백 안에 조그마한 상자가 들어 있었다."

상자를 꺼내서 열어보았다.

"어머, 이게 뭐니?"

상자 안에는 반지가 들어있었다. 너무 놀라서 말이 안 나왔다.

"이게 웬 반지니?"라고 물었다.

"엄마 반지 하나 샀어요!"라며 무심한 듯 말을 했다.

"잘 맞는지 모르겠네요!"라며 나를 쳐다보았다.

"한 번 껴보세요."

"돈이 어디에서 나서 반지를 샀거니?"

"그동안 아르바이트해서요."

"아르바이트는 언제 한 거야?"

"새벽에 했어요."

"그럼 그동안 운동 간다고 거짓말 한 거니?"

놀란 눈으로 아들을 바라보았다.

"아르바이트 하러간다고?" 라고 물었다.

"네."

아들은 웃었다.

"무슨 아르바이트 했니?"

"전단지 아르바이트 했어요!"

"힘들게 번 돈인데 너 필요한 것 사지 그랬니?"

"그냥 해드리고 싶었어요!"

"고맙긴 한데……."

나는 말끝을 흐렸다.

"잘 맞아요?"

아들은 내 손을 쳐다보며 물었다.

"응. 잘 맞아. 근데 크기는 어떻게 알았니?"

"엄마 잘 때 실 가지고 쟀어요."

"어머나, 그랬구나?"

아들의 세심한 마음이 느껴졌다.

"디자인 마음에 드세요?"라며 물었다.

"응, 예뻐. 마음에 들어."

 손에 낀 반지를 쳐다보며 말했다.

"고맙다."

아들은 나의 말에 "아이 뭘요."라며 얼굴을 붉혔다.

엄마 반지를 사주려고 아침잠이 많은 아이가 일어나 아르바이트를 했다. 말로 다 표현은 못 했지만 정말 고마웠다. 아들은 어려서 나에게 조그마한 선물을 참 자주 해주었다. 그런데 사춘기를 겪으면서는 이런 적이 전혀 없었다. 평소에 어떠한 표현도 잘 하지 않았다. 그랬던 아들이 어느 날부터 조금씩 변해갔다. 아들은 마음이 참 따뜻한 아이였다. 그동안 아들을 위한다는 나의 욕심과 이기적인 생각으로 아들의 숨통을 쪼여 매고 있었다. 그래서 아들은 항상 분노에 차 있었으며, 나의 말에 반항했었다. 그랬던 아들이 이제는 조금씩 마음의 문을 열고 다가오고 있다.

아이에게 공부 재능이 없으면 다른 재능이 있다. 모든 아이는 공부 말고도 충분히 다른 재능을 키워갈 재능을 이미 가지고 있다. 그러나 부모는 다른 재능을 펼칠 기회와 시간을 주지 않는다. 때문에 사춘기 아이들이 부모와 갈등을 겪고 방황을 한다. 문제는 부모다. 아이들은 공부를 못해도 친구들과 잘 사귀고, 학교를 잘 다닌다. 다만 부모에게 조금 미안하고 위축될 뿐이다. 그런데 아이들과 달리 '도대체 커서 뭐가 되려고 공부를 이렇게 안 하냐?'고 다그치며 불안해하는 건 부모들이다.

공부를 잘한다고 다 성공하는 것은 아니다. 중요한 것은 세상에는 공부 말고도 자신의 재능을 살려 얼마든지 성공할 수 있는 것들이 많다. 그래서 부모는 공부밖에 모르는 아이로 키울 것인지, 아니면 공부가 아니더라도 더 넓은 세상을 바라볼 수 있는 아이로 키울 것인지 부모의 역할이 중요하다.

나도 예전에 아들이 공부를 안 한다고 많이 다그쳤다. 그러는 동안 아들과 나는 많은 갈등을 겪으면서 사이만 점점 나빠졌다. 아들이 마음의 문을 닫은 이유도 여기서부터 시작되었던 것 같다. 지금 생각해보면 얼마나 미련스러운 짓을 했는지 후회스럽다. 세상에 문제 부모는 있지만, 문제 아이는 없다. 부모의 잘못된 판단과 욕심으로 우리는 아이를 망치고 있다. 공부가 인생의 전부가 아니라는 사실을 부모가 인식하고 변화되면 아이 역시 변화된다는 것을 꼭 잊지 말았으면 한다.

아들의 선택
자퇴선언

3월이 시작되면서 아들의 대학 생활이 시작되었다. 오늘은 첫 수업이 아침 일찍 있어 빨리 갔다. 학교 가는 아들의 얼굴에 설레는 모습이 보였다. 아들의 저런 모습을 처음 보았기 때문에 그 모습을 보는 나도 뭔지 모를 가슴속 꿈틀 거림이 일어났다. 오후 늦게 아들이 돌아왔다. 아침의 설레는 모습과 달리 표정이 밝지가 않다.

"오늘 수업 어땠니?"

"아직 모르겠어요?"

"왜, 재미없었니?"

"그냥, 피곤해요."

"그래, 좀 쉬어."

첫 수업이라 긴장해서 피곤했겠지 라는 생각을 하며 더 이상 아무 말도 하지 않았다. 그렇게 아들은 한 달을 별말 없이 다녔지만, 표정은 그리 밝지 않았다. 두 달째 접어들면서부터 학교에 가는 날보다 안 가는 날이 많았다. 이상해서 물어보면 돌아오는 대답은 수업이 없다고만 했다. 그런데 아들이 대학 입학을 하고 삼 개월이 지난 어느 봄날 오후였다.

"저, 학교 그만 둘래요."

갑자기 황당한 소리를 했다.

"뭐, 갑자기 무슨 소리니?"

"이번 학기만 하고 학교 그만 둘 거예요."

다시 힘을 주어 말했다.

"이유가 뭐니?"

조용히 물었다.

"제가 원하는 수업이 아니었어요."

참 할 말이 없었다. 도대체 어떤 수업을 원하는 거란 말인지 속이 부글부글 했다. 하지만 올라오는 화를 가라앉히고 다시 물었다.

"그럼 앞으로 뭐 할 거니?" 라고 물었다.

"입대할 생각이에요." 라고 말했다.

"어차피 가야 하니까 가서 생각 정리 좀 하려고요."

"일단 네 생각 알았어. 나중에 아빠 오면 다시 이야기 하자."

아들은 비싼 등록금을 내고 석 달 다니고 학교를 그만둔다고 한다. 억장이 무너졌다. 그것도 자신이 선택한 곳이었다. 그런데 자신이 원하는 수업이 아니라 안 다니겠다고 한다. 예전 같았으면 "너 지금 미쳤냐? 한 학기 등록금이 얼만데!" 라며 큰소리를 치며 아들을 다그쳤을 것이다. 하지만 이제는 아들이 저렇게 결정하는 것에는 무슨 이유가 있겠다고 먼저 생각했다.

저녁에 남편이 퇴근하고 왔다. 아들의 이야기를 전했다. 남편은 내 이야기를 듣고 한참을 생각하더니 아들을 불렀다.

"엄마한테 이야기 들었다."

"입대는 언제쯤 할 생각이니?"

"이제 신청해봐야죠?"

"최대한 빨리 가려고요."

"그럼 휴학을 하고 1학년을 마치고 가는 것은 어떠니?"

"아뇨, 더 이상 안 하고 싶어요."

완강히 거부 의사를 밝혔다.

"그래, 그럼 제대하고 이후 뭘 할 건지는 생각 해봤니?"

"아뇨, 가서 생각하려고요 해요."

"알았다. 그럼 입대 준비 알아보고 진행해."

"네."라고 대답을 하고 아들은 방으로 돌아갔다.

아들이 입대 신청을 한 지 얼마 지나지 않아 신체검사통지서가 나왔다. 신체검사를 하고 얼마 후 입영통지서가 나왔다. 입영일은 8월이었다. 입대를 하려면 한 달 반 정도 남았다. 아들은 한 달 반 동안 아르바이트를 시작했다. 아침부터 저녁까지 하루도 빠지지 않고 열심히 일했다. 나는 날씨도 더운데 입대 전에 좀 쉬라고 했다. 하지만 아들은 말을 듣지 않았다. 입대 일주일을 앞두고 아르바이트를 그만두었다. 그리고 아들은 그동안 아르바이트를 하고 받은 돈을 내게 모두 주었다.

"엄마, 이거 필요한 거 사세요."

라면 봉투를 내밀었다.

"뭐니?"라며 봉투를 받으면 물었다.

"그동안 아르바이트한 돈 받았어요."

"이걸 왜 날 주니? 너 필요한데 써."

다시 봉투를 아들한테 내밀었다.

"저 입대하는데, 별로 쓸데가 없어요."

내민 봉투를 다시 내 쪽으로 밀면 말했다.

"친구들과 밥도 사 먹고, 술도 한잔하려면 필요하잖니?"

"그 정도는 있어요?"

"그러니, 나중에 필요하면 언제든지 말해."

"고맙다."

아들은 입대 전 일주일 동안 저녁마다 친구들과 약속이 있었다. 그런데 생각보다 일찍 들어왔다.

"왜 이리 일찍 들어왔니?"

"밥 먹고 간단하게 한 잔만 하고 왔어요."

"이제 친구들 한동안 얼굴 못 볼 건데 좀 더 놀다 오지 그랬니?"

"괜찮아요."

그리고 아들은 대답하지 않았다.

그렇게 날짜는 지나고 입대일이 다가왔다. 우리 가족은 하루 전날 미리 아들을 데리고 논산으로 갔다. 가면서 중간중간 고속도로 휴게소에서 쉬었다. 오후 세 시쯤 논산에 도착했다. 우리는 시내 한 바퀴를 돌아보았다. 논산시는 생각보다 매우 작은 도시였다. 저녁을 먹기 위해 그중 규모가 좀 있는 식당을 찾아 들어갔다. 식당 안에는 우리처럼 아들을 데리고 미리 와 있는 가족들이 생각보다 많이 보였다. 여기저기 가족들이 오손도손 앉아 이야기를 나누며 식사를 하고 있었다. 그런데 모든 아이의 모습은 웃고 있지만, 얼굴은 어두워 보였다. 아들도 애써 웃는 모습을 보이는 것으로 보였다. 우리 역시 아들을 바라보고 얼굴은 웃고 있었지만, 마음은 울고 있었다.

저녁을 먹고 훈련소 근처로 갔다. 거기에는 모텔들이 많았다. 우리는 그중에 깨끗해 보이는 곳을 찾아 들어갔다. 시골인데 입대하는 가족들이 많아서 그런지 시설이 생각 이상으로 깨끗하고 쾌적했다. 내일을 위해 일찍 자리를 깔고 누웠다. 밤이 깊었지만 잠이 오지 않았다. 아들도 잠이 안 오는지 뒤척거렸다. 그렇게 잠을 설치고 아침이 밝았다. 우리는 일어나 씻고 준비를 하고 아침을 먹기 위해 나왔다.

훈련소 앞에는 다양한 음식점들이 많이 있었다. 우리는 훈련소로 보내기 전 아들이 좋아하는 고기를 먹이고 싶어 불고깃집으로 들어갔다. 식당 안에는 까까머리를 한 아이들이 가족과 함께 식사를 하고 있는 모습이 많이 보였다. 우리는 한쪽에 자리를 잡고 앉아 음식을 넉넉히 주문하였다. 잠시 후 주문한 음식이 나왔다. 하지만 이제는 정말 아들과 헤어져야 한다고 생각하니 입맛이 없었다. 아들도 이제 입대를 해야 한다는 긴장감에 입맛이 없는지 얼마 안 먹고 수저를 내려놓았다.

식당을 나와 훈련소로 가는 길목에는 사람들이 엄청 많이 붐비고 있었다. 훈련소 입구에 다다르자 군악대 연주 소리가 들렸다. 우리는 군악대가 연주하고 있는 곳으로 가 보았다. 거기에도 사람들이 많았다. 입대하는 아이들이 이렇게 많은지, 아들이 입대하기 전까지는 전혀 몰랐다. 아니, 생각도 하지 못했다. 그리고 오늘 입대하는 아이들이 이렇게 많은지도 처음 알았다. 주위에 사람들 표정에는 애써 감추려고 웃어 보이지만 긴장함과 불안감이 얼굴에 확연히 드러나 보였다.

잠시 후 방송을 하는 소리가 들려왔다. 훈련병들을 부르는 방송이었다. 큰 운동장 앞 단상에서 군복을 입은 군인이 훈련병들을 운동장에 모이라고 방송을 하고 있었다. 우리는 그늘막이 쳐진 곳에 앉아 있다가 그 소리를 듣고 일어났다. 여기저기서 가족들이 아들과 마지막 포옹하는 모습들이 보였다. 대부분의 가족은 울고 있었다. 나는 아들 마음이 아플까 봐 안 우려고 무단히 애를 썼다. 하지만 내 손을 잡은 아들이 떠나려 하자 내 마음과 달리 감정을 주체할 수 없이 눈물이 터져 나왔다. 아들은 내 어깨를 감싸며 애써 웃으며 운동장으로 뛰어갔다.

운동장에는 수많은 까까머리 아이들이 줄을 서 있었다. 나는 울면서 아들을 찾아보았지만, 아들의 모습을 찾을 수가 없었다. 잠시 후 군가에 맞춰 아이들이 운동장을 한 바퀴 돌면서 훈련소 안으로 들어가기 전 가족들이 서 있는 앞으로 다가오고 있었다. 그때 아들은 들고 있던 가방을 높이 들어서 자신의 위치를 알려 주었다. 아들은 우리를 지나 훈련소 안으로 들어가면서 끝까지 가방을 들어 자신의 위치를 알려 주었다. 그래서 멀리서나마 아들의 뒷모습을 볼 수 있었다.

그렇게 아이들이 들어가고 운동장은 조용했다. 하지만 아이들을 들여보낸 가족들은 아직도 슬픔이 진정되지 않아 아이들이 떠나간 운동장을 하염없이 바라보며 울고 있었다. 나 역시 태어나서 가슴이 이렇게 미어질 듯이 아픈 것을 난생처음 느껴 보았다. 아들이 들어간 뒤 남편이 울었다. 살면서 남편이 우는 모습을 처음 보았다. 우리는 망부석이 되어 아들이 들어간 곳을 한동안 바라보고 서 있었다.

집으로 돌아오는 데도 차마 발걸음이 떨어지지 않아 차를 타고 훈련소 주변을 돌아다녔다. 혹시 아들의 얼굴을 한 번이라도 더 볼 수 있지 않을까 하는 막연한 생각을 하면서 서성거리고 다녔다. 내려오는 길에 저녁을 먹으려고 잠시 휴게소에 들렀다. 우리는 우동을 주문했다. 하지만 아들이 생각이 나서 시켜 놓은 우동을 먹지 못하고 우리는 울고 말았다. 휴게소 우동을 아들이 좋아했기 때문이었다.

장대비가 내리는 어느 날 오후에 택배가 왔다. 박스를 보니 아들이 보내왔다. 떨리는 마음을 추스르며 박스를 열었다. 한 장의 편지와 아들이 입대할 때 입고 간 옷이 들어 있었다. 입고 간 옷을 보니 눈물이 쏟아졌다. 편지를 읽는데 눈물이 앞을 가려 글씨가 잘 보이지 않았다. 잘 있다고 걱정하지 말라는 내용이었다. 아들의 옷을 끌어안고 한참을 울었다. 그렇게 나와 아들의 군 생활이 시작되었다.

딸의 선택, 하기 힘든 말

내일은 딸이 시험을 보는 날이다. 그동안 2년 동안 고시 공부를 하고 처음 보는 시험이다. 많이 긴장 되는 것으로 보인다. 원래 시험이란 무슨 시험이든지 간에 긴장되는 것이 당연하다. 그런데 얼마 전부터 딸은 아주 힘들어 보인다. 딸 방에는 많은 법전으로 가득 차 있다. 나는 그냥 보기만 해도 숨이 막힌다. 그런데 본인은 오죽하겠나 싶다. 신경이 많이 예민해 보여 말 붙이기가 신경이 쓰인다. 딸의 방문 앞에 서서 말했다.

"내일 몇 시에 출발할 거니?"

조심스럽게 물었다. 공부하고 있던 딸이 날 쳐다보고는 아무 말도 안 하고 고개를 돌려 다시 책을 보았다. 나는 잠시 망설이다가 다시 물었다.

"몇 시에 갈 거니?"

방해가 되지 않게 조그마한 목소리로 말했다.

"일곱 시쯤 갈 거예요."

"응 알았어."

돌아서려는데 딸이 다시 말을 이었다.

"왜요?"

"태워다 주려고."

"괜찮아요, 혼자 갈래요."

"왜? 태워다 줄게?"

"아뇨, 혼자 가고 싶어요."

딸은 단호하게 말했다. 혼자 가고 싶은 이유가 있겠지라는 생각하고 더 이상 말하지 않았다. 딸은 고시원에서 내려온 이후 그동안 집에서 공부했다. 날이 갈수록 얼굴에 힘들어하는 모습이 보인다. 어떤 날은 온종일 말을 안 하고 책상 앞에 앉아 있는 날도 있었다. 스트레스를 많이 받는지 피부에 뾰루지도 많이 올라와 있다. 이런 딸을 바라보면 이제 그만 하라고 말하고 싶다. 하지만 딸의 선택을 존중해주고 싶었다. 그래서 스스로 포기할 때까지 지켜보기로 했다.

일찍 일어나 아침 준비를 했다. 딸은 위가 약하다. 그래서 먹기 부담스럽지 않은 부드러운 음식으로 준비했다. 아침 준비를 한참 하고 있는데 딸이 일어나 씻으러 갔다. 딸이 일어난 것을 확인한 난 분주히 식탁을 차렸다. 잠시 후 딸이 준비를 다 하고 와서 식탁에 앉았다.

"조금만 주세요."

"왜? 든든히 먹고 가지?"

"속이 안 좋아요." 고개를 숙인 채 수저를 들면서 말했다.

"많이 안 좋니?" 걱정스러운 눈빛을 보내면 물었다.

"약 좀 먹을래?"

"네."

나는 방에 들어가서 약상자를 열고 약을 가져왔다. 밥을 먹고 있는 딸 옆에 약을 두고는 정수기에서 물 한 컵을 받아 갖다 주었다.

"밥 먹고 이거 먹어."

"네."

딸은 바로 약을 먹었다. 나는 걱정이 되어 또다시 물었다.

"엄마가 태워다 줄까?"

딸의 눈치를 살피면 말했다.

"아뇨, 괜찮아요."라며 말을 하며 일어났다.

"갔다 올게요."

딸은 인사를 하고 현관을 향해 걸어 나갔다.

"그래, 편안하게 봐." 라며 딸의 뒤를 따라가면서 말했다.

딸이 엘리베이터를 타고 내려갔다. 나는 베란다 창 쪽으로 가서 밑을 내려다 보았다. 잠시 후 1층에 도착해서 밖으로 나오는 딸의 모습이 보였다. 버스를 타러 가는 딸의 뒷모습이 왠지 짠해 보였다. '그냥 타고 가면 편할 건데.' 라면 걸어가고 있는 딸을 바라보며 혼잣말을 중얼거렸다. 그렇게 멀어져 가는 딸의 모습을 보면 한참을 베란다에 서 있었다. 딸을 보내고 온종일 일이 손에 잡히지 않았다. 그래서 일을 하는 둥 마는 둥 하고 멍하니 앉아 있었다. 아침에 속이 안 좋다고 말한 딸이 걱정되었다. 혹시 시험장에서 속이 안 좋아서 힘들지는 않았는지, 별일 없어야 할 건데 하는 걱정되었다.

오후가 되자 피곤한 얼굴을 하고 딸이 돌아왔다. 나는 시험에 대해 궁금해서 물어보고 싶었다. 하지만 피곤한 얼굴을 하고 들어오는 딸을 보자 차마 입이 떨어지지 않았다.

"그래, 고생했다. 푹 쉬어."

"네."

짧게 대답한 딸은 방으로 들어가 버렸다.

저녁이 되자 식사 준비를 끝내고 딸을 불렀다. 아무 대답이 없다. 방으로 가 보았다. 문을 여니 방안이 깜깜했다. 불을 켜니 딸은 침대에 웅크리고 누워서 자고 있었다. 나는 자는 딸의 손을 살며시 잡았다. 자고 있던 딸은 눈을 제대로 못 뜨고 날 바라보았다.

"밥 먹자."

딸의 머리를 쓰다듬었다.

"안 먹을래요."

너무 피곤해하는 딸을 보니 지금은 밥보다 잠이 더 필요하겠다는 생각이 들었다. 방문을 조용히 닫고 나왔다.

시험이 끝나고 일주일이 지났다. 딸은 시험에 대해 아무 이야기를 하지 않았다. 일상은 시험 전과 똑같이 보내고 있었다. 나 역시 아무것도 물어보지 않았다. 그렇게 시간은 흘러 일 년이 지났다. 딸은 또 한 번의 시험을 보게 되었다.

시험이 끝나자 혼자 제주도 올레길 여행을 가고 싶다고 했다. 나는 머리도 식힐 겸 갔다 오라고 했다. 딸은 일주일 동안 올레길 여행을 하고 돌아왔다. 여행하고 돌아온 딸의 모습이 한결 밝아 보였다. 딸은 올레길을 걸으면서 느꼈던 감정들에 대한 이야기를 해 주었다. 하루에 한 코스를 걷는데 걸리는 시간이 보통 네, 다섯 시간이 걸렸다고 했다. 힘들었지만 복잡한 생각 정리를 하는 데 도움이 되었다고 했다. 그리고 일주일 동안 걸으면서 자기 생각을 정리하고 왔다고 했다.

"결론은 공부 그만 접기로 했어요. 그동안 시험 결과를 봐서는 힘들 것 같아요. 더 한다는 건 시간 낭비인 것 같아요. 그래서 죄송해요."

그동안 힘들어 하는 모습을 볼 때는 그만두게 할까하는 생각을 많이 했었다. 그런데 막상 그만두기로 했다니까 뭔지 모를 아쉬움이 남았다.

"조금만 더 해봐도 영 안 될 것 같니?"

"네."

짧고 단호하게 대답했다.

"사실은 첫 번째 시험 쳤을 때 그만두려고 했어요. 그런데 아쉬움이 남아 조금 더해 봤는데, 두 번째 시험 보고는 확신이 들었어요. 이 길이 아니라는 것을, 그래서 올레길 걸으면서 한 번 더 생각을 해봤어요. 일주일 동안 매일 생각해 봐도 아니라는 생각이 들었어요. 날이 갈수록 더욱더 아니라는 것이 선명하게 느껴졌어요."

딸은 홀로서기를 한 지 얼마 되지 않았다. 어린 시절부터 모든 결정을 내가 다해 주었기 때문이다. 그래서 자라면서 자신이 할 수 있는 것은 아무것도 없다고 생각을 하며 많이 힘들어했었다고 했다. 다만 그 억압받고 있는 감정을 표현하지 못했다고 했다. 딸이 성장하면서 어느 날 우연히 그동안 힘들었던 자신의 감정을 표현하였다.

그때 딸의 이야기를 듣고 솔직히 당황스러웠다. 그리고 그 일로 많은 생각을 하게 되었다. 나의 행동으로 인해 딸이 어린 시절 스스로 경험할 수 없도록 독립심을 차단하고 있었다는 것을 깨닫게 되었다. 그때부터 딸이 스스로 결정할 수 있도록 했다. 나의 도움으로 한 번도 스스로 결정하고 그 일로 인해 실패한 경험이 없었다. 때문에 처음에는 두려워하면서 힘들어했었다. 이제는 자신이 선택하고 실패하고 시행착오를 거치면서 딸은 자신의 인생을 만들어 가고 있다.

내 아들에게도 이런 면이?

지난주에 제주도에 간 아들한테서 전화가 왔다.

"잘 지내니?"

"네, 지금 8코스 걷고 있어요."

"여기 정말 좋네요."

"숙소는 정했니?"

"아뇨. 다음 날 또 걸으려면 코스 끝나는 곳 아무 데나 정해서 자요."

"언제 올 거니?"

"코스 다 돌고 갈게요."

아들은 군 제대를 하고 한 달 동안 아르바이트를 했다. 그 돈으로 지금 제주도에 갔다. 올레길 코스를 다 돌고 온다고 한다. 하루에 두 코스씩 걷는다고 했다. 하루 두 코스를 걸으려면 하루 종일 걸어야 한다. 혼자 큰 배낭을 메고 일곱 시간씩 걷는다는 게 쉬운 일이 아니다. 나도 남편과 올레길을 걸어 봤지만 하루 한 코스 걷기도 힘들었다. 아들은 지금 자신을 의도적으로 힘들게 하려고 두 코스씩 걷는 것 같다. 아들은 뭔가 결정해야 할 때 혼자만의 시간을 가진다. 아마도 지금 그런 시기인 것 같다. 저녁을 먹고 설거지를 하고 있었다. 그런데 제주도여행을 간 아들이 보름 만에 돌아왔다.

"아니, 내일 온다고 하지 않았니?"

"네, 맞아요."

"그런데 어떻게 된 거니?"

"오늘 코스가 다 끝나서 그냥 왔어요."

"그랬구나, 저녁은 먹었니?"

"네, 공항에서 먹고 왔어요."

"여행은 좋았어?"

아들을 쳐다보며 웃었다.

"네, 괜찮았어요."

아들도 웃으며 대답하였다.

여행을 다녀온 아들은 얼굴이 새까맣게 타 더욱 건강해 보였다. 우리는 아들이 찍었던 사진을 보며 여행 이야기를 들었다. 아들은 보름 동안 참 많이 걸어 다녔다. 너무 많이 걸어 발바닥에 물집이 잡힌 자리가 굳어 있었다. 여행이야기가 끝나고 아들은 본격적으로 자신의 이야기를 하였다.

"저 다시 대학 들어가서 공부 할게요."라고 말을 시작하였다.

"그냥 취업할까 생각도 했어요. 그런데 학교를 먼저 마치는 것이 나을 것 같다는 생각이 들었어요. 그리고 이제 학비는 제가 알아서 할게요."

아들을 우리를 보면서 이야기를 했다.

"어떻게 하려고?"

"방학 때 아르바이트하면 될 것 같아요."

"그럼 학교는 어디로 가려고 하니?"

"지금 계속 알아보고 있어요. 나중에 다시 말씀드릴게요."

그렇게 자신의 의사를 밝힌 아들은 다음 날부터 일을 시작하였다. 여행 가기 전 미리 일자리를 알아보고 갔다 온 것이었다. 아들은 운동을 좋아해 오랫동안 유도, 태권도, 주짓수를 하고 있다. 그래서 그와 관련된 일자리를 얻었다. 매일 아침 일찍 출근하며 저녁이 되어서야 집으로 돌아온다. 하루하루 힘들게 일을 하면서도 아들의 얼굴은 밝아 보였다. 옛날 말에 군에 갔다 오면 철이 든다던데 그 말이 어느 정도 맞는 것 같았다. 아들은 이제는 부모한테 도움을 받지 않고 무엇이든지 혼자 해결하려고 한다. 그래서 학비도 자신이 벌어서 내려고 열심히 일하고 있다. 그런 아들의 모습을 보면 어쩐지 짠하면서도 듬직해 보인다.

아들은 일하면서 저녁이 되면 집에 와서 학교를 열심히 알아보고 있었다. 그리고는 자신이 생각한 곳에 원서접수를 하였다. 한참 지나서 합격이 되었다는 연락이 왔다. 아들은 그동안 벌어 놓은 돈으로 등록을 하였다. 나는 부족하면 이야기 하라고 했다. 하지만 아들은 더 이상 도움은 거절하였다. 3월이 되면서 아들의 대학 생활이 시작되었다. 아들은 교내 장학금을 일부 받게 되었다고 좋아하였다. 그리고 얼마 후 학교에서 돌아온 아들이 학교 도서관에서 일하게 되었다고 했다. 학교생활을 하면서 일도 하게 되어 다행이라고 했다. 예전의 대학 생활과 달리 정말 열심히 공부하면서 일을 하였다.

방학이 시작되자 아들은 학교 도서관은 일을 잠시 그만두었다. 또다시 학교 들어가기 전의 일을 한다고 했다. 방학 동안 아침부터 저녁까지 매일 열심히 일을 했다. 학기가 시작되었다. 나는 등록금을 어떻게 했는지 걱정이 되었다.
저녁에 아들이 오기를 기다렸다. 밤 열 시가 넘었는데 아직 오지를 않는다. 열
한 시가 다 되어서 아들이 들어 왔다.

"늦었네?"

들어오는 아들을 보면 말했다.

"네."라고 대답을 하고 방으로 들어갔다. 나는 아들을 따라 방으로 들어갔다.

"등록금은 어떻게 다 마련했니?"

"네, 걱정하지 마세요."

옷을 갈아입으면 대답을 했다. 그리고는 할 이야기가 있다고 했다.

"무슨 일 있니?"

"아니에요."

아들은 말을 이야기를 시작하였다.

"저 학교 앞에 원룸 얻어서 나가려고 해요."

"갑자기 왜?"

나는 놀란 표정을 지었다.

"교통비에 조금만 보태면 원룸을 얻을 수 있을 것 같아요. 그러면 시간을 좀
더 활용할 수 있을 것 같아요."

"언제 나가려고?"

"방 알아보고 되는대로 빨리요."

아들과 이야기를 나누고 소파에 혼자 멍하니 앉아 있었다. 갑자기 집을 나간
다고 하니 마음이 복잡해졌다. 혼자 모든 걸 책임지려고 애쓰는 모습이 안쓰러
웠다. 하지만 지금 홀로 쓰기를 하는 아들을 방해하고 싶지 않았다. 어린 시절
나의 불안으로 인해 아이들을 너무 내 안에 가둬 놓고 키웠다. 그로 인해 아이

들이 스스로 경험할 수 있는 시간을 뺏어 버렸다. 그래서 이제야 아이들이 스스로 홀로서기를 하고 있다. 아이들한테 미안하다. 그리고 다음 날 아들이 학교에서 돌아왔다.

"저 방 얻었어요."

"뭐, 벌써?"

"네, 싸고 괜찮은 데가 있었어요."

"그래서 저녁에 짐 챙겨 가지고 가려고요."

"저녁에?"

나는 아들을 쳐다보면 말했다.

"네, 아침에 일찍 수업이 있어요."

"그럼 저녁은 먹고 갈 거지?"

"네."

나는 아들이 좋아하는 고기를 굽고 저녁을 준비하였다. 저녁을 먹으면서 아들한테 물었다.

"엄마도 짐 같이 옮겨줄까?"

"괜찮아요, 혼자 할 수 있어요. 힘들게 뭐하러요. 나중에 정리되면 오세요."

저녁을 먹고 아들은 짐을 챙겨 갔다. 다음 날 매일 저녁이면 들어오던 아들이 안 들어오니 기분이 이상했다. 안 오는 줄 알면서 나도 모르게 자꾸 시계를 보면서 기다려졌다. 전화를 해보려고 핸드폰을 들고 망설이다가 말았다. 집에서 나간 아들은 가끔 전화를 하고 집에 왔다. 아들의 얼굴을 보니 잘 지내고 있는 것으로 보였다. 조금 늦은 감이 있지만 아들은 지금 홀로서기를 잘하고 있다.

아이들과 떠나는 걷는 여행
놀멍, 쉬멍, 걸으멍

아이들은 어려서 자신의 의지와 상관없이 우리가 결정한 곳으로 여행을 따라다녔다. 아이들은 자라면서 부모와 여행을 가는 것을 싫어했다. 그래서 아이들과 여행을 자주 못 갔었다. 우리는 아이들과 추억을 만들고 싶었다. 그래서 아이들에게 여행을 가자고 조심스럽게 제안을 했다. 아이들의 반응은 좋다고 했다. 아이들이 성장해서 처음 떠나는 가족여행이다. 이번 여행은 아이들이 가고 싶은 곳으로 계획을 짜보라고 했다. 얼마 후 계획을 다 짰다고 했다.

"목적지는 제주도로 정했어요. 이틀은 올레길 한 코스씩 걷기로 했어요. 6코스, 7코스 한 번 더 걸어요. 마지막 날은 비자림과 에코랜드 가면 좋을 것 같아요."

숙소는 풀 빌라 있는 곳이 가격이 좀 있지만 어떠냐고 물었다. 우리는 아이들이 가고 싶은 곳으로 결정하라고 했다. 아이들은 풀 빌라로 결정을 하고 예약을 했다.

그리고 여행지를 제주도로 결정한 이유에 관해 이야기를 했다. 첫째는, 우리 가족이 다 올레길을 걸었기 때문이라고 했다. 둘째는, 혼자 걸을 때와 다 같이 걸을 때의 느낌이 다를 것 같아 결정했다고 한다. 마지막으로 한 번씩 다 와 봤기 때문에 걸으면서 서로 공감할 수 있을 것 같았다고 했다. 이야기를 들으면서 아이들의 깊은 속마음을 느낄 수 있었다.

우리는 여행 일주일 전부터 짐을 싸기 시작했다. 수영복과 며칠 동안 입을 옷가지 등 필요한 물건을 챙겨 넣었다. 마지막 날은 마트에 가서 먹을 간식을 잔뜩 사 왔다. 내일이면 드디어 아이들과 여행을 떠난다. 밤이 늦었는데 마음이 설레어 잠이 쉽게 오지 않았다. 아이들도 잠이 안 오는지 늦게까지 거실에서 TV를 보고 있었다.

7월의 마지막 날이다. 아침부터 날씨가 너무 더워 숨쉬기조차 힘들다. 아침 일찍 준비하고 공항으로 출발했다. 공항에 도착해서 수속을 마쳤다. 탑승은 10시부터라 아직 시간이 있어 아침을 먹기 위해 다 같이 식당으로 갔다. 갈비탕을 주문했다. 기다리는 동안 아이들의 얼굴을 보니 표정이 들떠 있었다. 밥을 먹고도 시간이 남아서 공항 대기실에 앉아 있었다.

대기실은 휴가철이라 여행 가는 사람들로 많이 붐비고 있었다. 아이들과 자세를 취하며 사진을 찍었다. 안내 방송이 들렸다. 우리가 타고 갈 비행기 탑승을 알리는 방송을 하였다. 방송을 듣고 게이트로 갔다. 이미 많은 사람이 줄을 서 있었다. 우리는 줄을 선 사람들 뒤로 가 줄을 섰다. 시간이 되자 차례대로 탑승을 시작했다.

탑승하고 승무원의 안내를 받으며 자리를 찾아 앉았다. 좌석에 앉아 밖을 쳐다보았다. 그런데 내가 앉은 좌석은 안타깝게도 날개 위였다. '어차피 한 시간이면 도착인데 괜찮아'라고 마음속으로 날 위로했다. 잠시 후 이륙 방송이 나왔다. 그러고도 한참이 지나서야 비행기기 떠올랐다. 비행기가 뜨자 승무원이 음료를 나누어 주었다. 나와 딸은 주스를 받아 마셨다. 아들과 남편은 콜라를 마셨다. 가는 동안 승무원들이 이벤트를 했다. 퀴즈를 맞히면 선물을 주었다. 그러는 동안 제주공항에 도착했다.

비행기에서 내려 공항을 빠져나왔다. 햇볕이 따가워 민소매 입은 팔이 따끔거렸다. 우리는 버스를 타고 6코스가 시작하는 쇠소깍으로 갔다. 6코스는 쇠소깍 다리에서 시작하여 제주올레 여행자 센터까지이다. 6코스의 거리는 11.6Km로 4~5시간 정도 걸린다.

우리는 근처에서 점심을 먹고 물을 한 병씩 들고 걷기 시작했다. 한참을 걷다 보니 제지기 오름이 나왔다. 이야기하면서 중간중간 쉬면서 오름을 올라갔다. 아들은 혼자 왔을 때 걸었던 기억이 난다고 했다. 그날 날씨와 걸으면서 느낀 감정들을 이야기 해 주었다. 딸은 더워서 얼굴이 빨갛게 달아올랐다. 그리고 그때 걸으면서 느낀 감정을 이야기했다. 날씨는 무척 더웠지만, 서로의 감정을 공감하면서 웃으면서 걸어갔다.

한참을 걸어가다 보니 소정방 폭포가 나왔다. 잠깐 앉아서 가방에서 가지고 온 간식을 꺼내 먹었다. 그리고 또 걷기 시작했다. 조금 더 가니 정방 폭포가 나왔다. 소정방 폭포와는 달리 여긴 폭포에서 물이 제법 많이 흘러 내렸다. 쳐다만 보고 있어도 더위를 식혀 주었다. 한참을 앉아서 더위를 식혔다. 그리고 또 한참을 걸었다. 이제 조금씩 지치기 시작했다. 걷다 보니 이중섭거리가 보였다. 이중섭 미술관으로 먼저 들어갔다. 1층 전시관을 들어가기 전 황소작품을 먼저 만나볼 수 있다. 딸과 함께 사진을 찍었다. 그리고 미술관 한 바퀴를 돌고 나왔다.

우리는 이중섭거리를 지나 '안거리 밖거리'라는 음식점에 가서 이른 저녁을 먹었다. 이 식당은 모두에게 추억이 있는 곳이다. 지난번에 아이들은 각자 왔지만, 우연히 여기서 밥을 먹었다고 했다. 우리 역시 여기서 밥을 먹었다. 서로 다른 시기에 갔다 왔지만 이야기를 나누면서 알게 된 사실이었다.

　그래서 이번에 일정에 여기서 밥 먹기를 넣었다고 했다. 우리는 밥을 맛있게 먹고 걸어서 제주 올레시장으로 왔다. 시장 안으로 들어가 구경을 하고 시원한 아이스커피를 한 잔씩 사 먹었다. 그리고 다시 걸어서 마지막 목적지 제주 올레 여행자 센터에 거의 다섯 시간만에 도착하였다. 우리는 손을 마주 잡고 하이파이브를 하며 웃었다. 아이들과 같이 완주했다는 성취감에 가슴이 뭉클했다.

　택시를 타고 예약해 놓은 펜션으로 갔다. 펜션은 생각 이상으로 아주 좋았다. 각자 짐을 풀고 씻고 잠깐 쉬었다. 밤이 되자 펜션 곳곳에 비치는 불빛은 펜션을 더욱 더 멋지게 보였다. 수영복으로 갈아입고 수영을 하였다. 아이들과 물속에서 공놀이를 하였다. 아이들이 재미있어했다. 그런 아이들을 보면서 즐거웠다. 신나게 놀다 보니 배가 고팠다. 우리는 바비큐파티를 하였다. 아이들은 물놀이 후에 먹는 고기는 정말 맛있다고 했다. 그렇게 한바탕 신나게 놀고 잠이 들었다.

　다음 날도 올레길을 걸었다. 7코스였다. 7코스는 올레길 중 제일 아름답기로 소문나 있었다. 우리는 예전에 걸었지만 한 번 더 걷고 싶어 또 다시 선택하였다. 시작점인 외돌개에서 사진을 찍었다. 그리고 걷기 시작했다. 중간중간 쉬면서 맛있는 것도 먹으면서 어제와 달리 쉬엄쉬엄 즐기면서 걸었다. 그렇게 완주를 하고 저녁이 되어서야 숙소로 돌아왔다. 잠깐 쉬고 아이들은 수영을 했다. 나는 피곤해서 그냥 구경만 했다. 아이들은 피곤한 기색도 없이 즐겁게 잘 보내고 있었다. 즐겁게 놀고 있는 아이들을 바라보면 '참 잘 왔다' 라는 생각을 했다.

피곤해서 한숨 자고 일어났다. 아이들과 남편이 웃으면서 이야기를 하고 있었다. 나는 눈을 비비고 시계를 봤다. 새벽 3시였다.

"안자고 뭐해?"

"오늘이 마지막이라 잠이 안 와서 놀고 있어요."

"내일 피곤하잖아?"

"괜찮아요."

식탁 위에는 컵라면과 과자 봉지가 널려 있었다. 나도 일어나 식탁에 가서 앉았다. 그렇게 우리는 새벽까지 함께 웃으면 많은 이야기를 나누었다. 새벽에 잠든 바람에 늦잠을 잤다. 일어나 대충 준비를 하고 택시를 타고 비자림으로 갔다. 도착해서 내리자 숲에서 피톤치드가 막 품어져 나오는 것 같았다. 숲길이 너무 예뻤다. 숲길을 걸으면서 예쁜 포즈, 우스운 포즈를 취하면서 모두 다 같이 사진을 찍었다.

다음 목적지인 에코랜드로 갔다. 나무로 우거진 숲길을 따라 기차여행을 하기 참 좋은 곳 이었다. 기차를 타고 처음 멈춘 곳은 에코 브리지 역이다. 호수 위에 수상갑판이 설치되어 있었다. 길을 따라 걷다 보면 마치 호수 위를 걷는 느낌이 났다. 아름다웠다. 그렇게 관광을 끝내고 공항으로 갔다. 공항에 도착해서 탑승 수속을 마치고 식당으로 갔다. 식당에는 사람들이 많았다. 우리는 주문하고 자리를 잡고 앉았다. 음식이 나오는 동안 아이들은 출발할 때와 달리 밝은 표정으로 먼저 말을 걸면 많은 이야기를 했다. 밥을 다 먹고 면세점으로 갔다. 다니면서 구경을 하고 필요한 물건을 샀다.

탑승 시간에 맞춰 게이트로 왔다. 공항직원의 안내에 따라 탑승을 했다. 우리는 비행기를 타자마자 피곤해서 잠이 들었다. 안내방송에 눈을 뜨니 공항에 도착하였다. 짐을 찾아 택시를 타고 집으로 돌아왔다. 저녁에 아이들과 같이 TV를 보고 있는데 마침 제주올레 길을 방송하고 있었다. 우리가 같이 걸었던 곳이 나오자 다시 생각이 나서 즐거워하면서 이야기를 나누었다. 그런데 아들이 갑자기 이런 제안을 했다. 10년 후에 다시 한번더 가보자고 했다. 우리는 모두 좋은 생각이라고 하며 웃었다. 아이들이 방으로 가고 나는 잠을 자려고 자리를 깔고 누웠다. 피곤한데 잠은 안 오고 제주에서 아이들과 올레길을 걷던 일과 아이들이 즐거워하던 모습이 눈앞에 아른거렸다. 나는 10년 후 아이들과 또다시 여행을 꿈꾸며 잠을 청해본다.

마치는 글

아이를 키우기가 생각처럼 쉽지가 않죠?

아이를 키우는 엄마라면 누구나 공감할 것이다. 우리는 아이를 키우면서 힘들다는 감정이 올라오는 순간 모든 것이 아이 때문이라고 생각하는 오류를 범하게 된다.

아이가 어릴 때는 아이가 보채고 울어도, 말을 안 듣고 떼를 써도, 또 자라면서 사춘기에 접어들면서부터는 공부를 안 해도, 반항하면 속을 썩일 때도 이 모든 것이 아이가 문제라고 단정을 짓고 아이를 다그치기만 한다.

아이는 자라면서 가장 가까운 엄마에게 가장 큰 상처를 받는다. 그것도 별거 아닌 것으로 생각하고 뱉은 엄마의'말' 때문에 아이는 평생 살면서 엄마와의 해결되지 않은 문제로 힘들어한다. 아이를 키우면서 가장 중요한 것은 아이의 감정을 읽어주는 것이다.

아이의 감정을 읽는다는 것이 그리 거창한 것은 아니다. 아이의 말을 들어

주고, 아이의 마음을 알아주고, 공감하고 반응하는 것이면 충분하다. 어려서는 안아주고 눈 맞추고 사랑해주며, 자라서는 아이가 하는 말에 귀를 기울여 주면 된다.

아이는 엄마의 감정선에 영향을 받는다. 때문에 엄마부터 자신의 감정을 소중히 여길 때 비로써 아이의 감정도 읽을 수 있다. 엄마가 자신의 감정을 잘 조절하고 화를 덜 내게 되면, 아이 또한 자신의 감정조절을 잘하면 문제행동을 줄이게 된다. 아이는 저마다 타고난 기질이 있다. 엄마가 내 아이의 기질을 잘 파악한다면 아이의 문제행동 대처에 도움이 될 수 있을 것이다.

아이를 키우다 보면 '엄마, 힘들어요. 저 좀 도와주세요?' 라고 신호를 보내기도 한다. 때로는 그 신호가 이해할 수 없는 거친 신호를 보낼 때도 있다. 그래서 엄마는 그 신호를 놓치는 경우가 많다. 그렇게 되면 아이는 답답해하면 더 거칠게 행동을 하게 된다.

나는 아이들을 키우면서 아이들이 보내는 신호를 미련스럽게 알아차리지 못했었다. 그래서 도와주지 못했다. 엄마의 무지로 인해 아이들은 힘든 청소년기를 보내게 되었다. 우리는 아이들이 도움을 청할 때 도와주어야한다. 그러기 위해서는 아이가 보내는 신호에 항상 열린 마음으로 귀를 기울여야한다.

감정코칭에서 가장 중요한 것은 부모와 자녀 간에 소통할 수 있는 길을 열어 준다는 것이다. 부모가 아이의 감정을 무시한다고 그 감정들은 사라지지 않는다. 그렇게 하게 되면 아이는 자신이 느끼는 슬픈 감정을 부모가 알고 싶어 하지 않는다고 생각을 한다. 결국 아이는 이 모든 감정을 혼자 감당하게 된다.

아이는 성장하면서 자기감정을 만들고 소화할 능력이 생기기 전까지 부모가 감정을 어떻게 처리하는지 보고 배우게 된다. 아이와 부모가 서로 소통하면서 얻은 감정코칭의 효과는 평생을 간다. 아이는 자신이 슬픈 감정을 느꼈을 때는 어떻게 표현을 해야 하는지, 화가 나면 화난 감정을 어떻게 표현해야 하는지를 잘 알고 있다. 때문에 아이는 인생을 살아가면서 수많은 선택의 갈림길에서 감정코칭은 많은 도움이 된다. 따라서 부모는 아이에게 모든 것을 해결해주기보다 아이 스스로 답을 찾을 수 있도록 도와주는 것이 바람직하다.

나는 이 책을 읽는 엄마들이 아이를 키우면서 자신의 감정 때문에 힘들어함에 있어 조금이나마 도움이 되었으면 하는 바람이다. 그리고 아이들이 보내는 신호를 빨리 알아차려 더 이상 나와 같은 전철을 밟지 않기를 바라는 마음에서 이 글을 적어본다.